电机与拖动

主 编 郭金妹 张建荣 陈 磊

教材配套试题测试

北京理工大学出版社
BEIJING INSTITUTE OF TECHNOLOGY PRESS

内 容 简 介

"电机拖动与控制"是高职高专电气类、机电类和工业机器人类专业开设的专业基础课程，是理论与实践结合、知识与技能并重的课程，教学内容主要包括电动机基础知识、低压电器基础知识和电气控制原理的分析、设计、安装与实现。本书结合工程教育教学改革和精品在线开放课程建设成果，教材编写组由学校、企业、行业专家组成，针对相关专业岗位如从事维修电工、电气控制线路的设计与安装、现代电气控制系统的安装与调试、机床电路运行与维护等典型工作任务岗位群所需要的技术技能进行分析，对标维修电工国家职业标准，打破理论与实践教学的界线，对接"冶金机电设备点检"、"运动控制系统开发与应用"等1+x职业等级证书考点，引入职业技能竞赛技能点，基于CDIO（构思－设计－实现－运作）工程教学模式，将知识点和技能点融入项目和任务中，循序渐进，并将原理、技巧整理为口诀，朗朗上口，在知识讲授中掌握核心技能点，在技能训练中强化知识点。同时，本书引入课程思政理念，围绕职业伦理、唯物史观、工匠精神以及社会责任感和使命感等思政元素，建立了价值塑造、能力培养、知识传授三位一体的教学体系。

本书可作为高等院校、高职院校电气机电类各专业的教学和实验用书，也可供学生进行课程设计、毕业设计和参加全国职业院校技能竞赛现代电气控制系统安装与调试赛项竞赛时阅读参考。

图书在版编目（CIP）数据

电机与拖动／郭金妹，张建荣，陈磊主编. －－ 北京：
北京理工大学出版社，2022.7
ISBN 978－7－5763－1539－4

Ⅰ．①电… Ⅱ．①郭… ②张… ③陈… Ⅲ．①电机－
高等职业教育－教材②电力传动－高等职业教育－教材
Ⅳ．①TM3②TM921

中国版本图书馆 CIP 数据核字（2022）第 130749 号

出版发行／北京理工大学出版社有限责任公司
社　　址／北京市海淀区中关村南大街 5 号
邮　　编／100081
电　　话／（010）68914775（总编室）
　　　　　（010）82562903（教材售后服务热线）
　　　　　（010）68944723（其他图书服务热线）
网　　址／http：//www.bitpress.com.cn
经　　销／全国各地新华书店
印　　刷／三河市天利华印刷装订有限公司
开　　本／787 毫米×1092 毫米　1/16
印　　张／15　　　　　　　　　　　　　　　责任编辑／多海鹏
字　　数／307 千字　　　　　　　　　　　　文案编辑／多海鹏
版　　次／2022 年 7 月第 1 版　2022 年 7 月第 1 次印刷　责任校对／周瑞红
定　　价／79.00 元　　　　　　　　　　　　责任印制／李志强

图书出现印装质量问题，请拨打售后服务热线，本社负责调换

前　言

随着工业 4.0 革命的到来，工业控制发展方向逐步从自动化走向了智慧化。要想实现智慧化，首先是要实现全自动化，因此越来越多的制造业加入了升级改造的队伍。制造业的升级改造离不开现代电气控制技术，而电机拖动控制是现代电气控制的基础，也是本课程主要介绍的内容。

"电机与拖动"是高职高专电气类、机电类和工业机器人类专业开设的专业基础课程，是一门理论与实践结合、知识与技能并重的课程，教学内容主要包括交流电动机基础知识、低压电器基础知识和典型电气控制原理图的分析、设计、安装与实现。本书编写组由学校、企业和行业专家组成，即结合工程教育教学改革和精品在线开放课程建设成果，针对相关专业岗位如从事维修电工、电气控制线路的设计与安装、现代电气控制系统的安装与调试、机床电路运行与维护等典型工作任务岗位群所需要的技术技能进行分析，对标维修电工国家职业标准，打破理论与实践教学的界线，对接冶金机电设备点检、运动控制系统开发与应用、可编程控制器系统应用编程等"1 + X"职业等级证书考点，引入职业技能竞赛技能点，基于 CDIO（构思 – 设计 – 实现 – 运作）工程教学模式，将知识点和技能点融入任务中，循序渐进，并将原理、技巧整理为口诀，朗朗上口，在知识讲授中掌握核心技能点，在技能训练中强化知识点。同时，本书引入课程思政理念，围绕职业伦理、唯物史观、工匠精神以及社会责任感和使命感等思政元素，秉承讲人物以励志、讲故事以共情、讲差距以自强、讲历史以增强文化自信、讲前沿以开阔眼界等教育理念，建立了价值塑造、能力培养、知识传授三位一体的教学体系。

本书共有十个任务，系统、全面地介绍了电机拖动理论知识和电气控制技术技能，每个任务以工作任务为驱动，在实操前完成任务所涉及的知识点的讲解，使学生边学边用、稳扎稳打，切实提高技能。任务一以三相异步电动机定子绕组的接线为驱动，主要介绍了三相异步电动机的结构原理、调速方法、参数选用等基础知识；任务二 ~ 任务六、任务八以三相异步电动机拖动控制为驱动，讲解了低压电器的结构原理，电气原理图的识读与分析，电动机起动、运行、制动控制的设计技巧等内容；任务七以绕线式异步电动机起动控制为驱动，讲解了频敏变阻器和温度继电器的原理符号以及绕线式异步电动机控制的设计技巧；任务九介绍了特种电动机的工作原理、接线方法等内容；任务十引入了 4 个典型的生产案例，与实际生产技术技能接轨，拉进学生与实际项目的距离，有利于学生毕业后顺利走向工作岗位。

本书可作为高职高专电气、机电类各专业的教学和实验用书，也可供学生进行课程设计、毕业设计及参加全国职业院校技能竞赛和现代电气控制系统安装与调试赛项竞赛时阅读参考。

本书由郭金妹、张建荣、陈磊任主编，罗国虎、王令剑、张华桢、王云超、梁人云参与了编写。具体编写分工如下：任务一、二、五由郭金妹编写，任务三、四由张建荣编写，任务六、八由陈磊编写，任务七、十由罗国虎编写，任务九由王令剑编写。张华桢、王云超在全书的编写过程中提供图片，梁人云工程师为本书提供典型生产案例，全书由郭金妹统稿、周克良主审。

本书在编写过程中参考了一些书刊的内容，并引用了其中的一些资料，难以一一列举，在此一并向相关作者表示衷心的感谢。由于编者水平有限，书中难免有疏漏之处，恳请读者批评指正。

编　者

目　录

任务一
三相异步电动机
定子绕组的接线与实现

工作手册

片花

姓名：_____

工位号：_____

时间：_____

　　三相异步电动机在工业自动化生产过程中应用十分广泛，是电气控制的主要对象，由转子、定子和气隙三部分组成。三相异步电动机转子的转速低于旋转磁场的转速，转子绕组因与磁场间存在着相对运动而产生电动势和电流，并与磁场相互作用产生电磁转矩，实现能量变换。

　　本任务通过三相异步电动机定子绕组的接线与实现，使学生了解交流电机的定义、分类、特点及实际应用等基础知识点；了解三相异步电动机的基本结构和工作原理；根据交流电动机的工作原理，探讨三相异步电动机的速度公式、调速方法及正反转原理；掌握三相异步电动机的型号、铭牌参数和应用计算。与此同时，在对三相异步电动机的定子绕组进行接线和分析的过程中，进一步加深学生对交流电动机工作原理的理解，提高学生对三相异步电动机的认识。

　　完成如图 1-1 所示交流电动机定子绕组的丫形和△形接线。

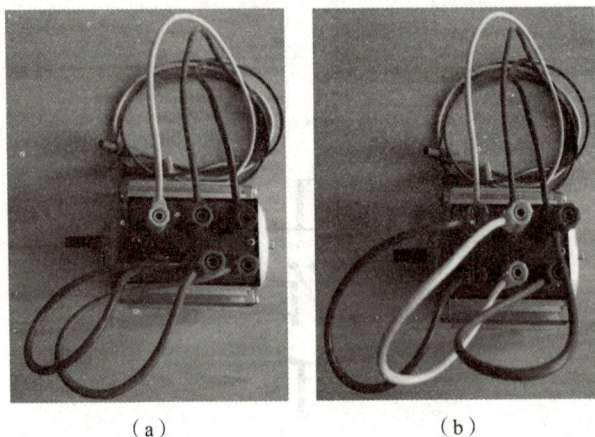

（a）　　　　　　　（b）

图 1-1　三相交流异步电动机定子绕组的丫形和△形接线

（a）丫形接法；（b）△形接法

任务目标

　　任务目标见表 1-1。

表 1-1　任务目标

序号	类别	目标
一	知识点	1. 交流电机的分类、特点及应用； 2. 三相异步电动机的基本结构； 3. 三相异步电动机的工作原理和调速方法； 4. 三相异步电动机铭牌参数分析

序号	类别	目标
二	技能点	1. 工业电机选用要点； 2. 三相异步电动机铭牌的识读； 3. 三相异步电动机定子绕组的丫、△形接法
三	职业素养	1. 学生发现问题、分析问题、解决问题的能力； 2. 良好的职业素养和团队协作能力； 3. 质量、成本、安全、环保意识； 4. 严谨求真的唯物史观； 5. 责任担当的爱国情怀； 6. 精益求精的工匠精神

任务描述

　　三相异步电动机定子绕组接线的要求：在掌握三相异步电动机工作原理的基础上，能根据任务要求，完成三相异步电动机定子绕组的丫形接法和△形接法。

任务重难点

重点：

1. 掌握三相异步电动机的工作原理；
2. 掌握三相异步电动机的定子绕组接线操作。

难点：

1. 掌握三相异步电动机的速度分析；
2. 掌握三相异步电动机的参数计算与选用。

问题讨论

工业生产中三相异步电动机定子绕组常见的接线方法是什么？有何根据？

思政主题

严谨求真的科学探究精神和唯物史观

在 13 世纪时法国的亨内考（Villard de Honnecourt）提出了永动机的设计方案，即发电机给电动机供电,电动机旋转则能带动发电机不断发电,形成循环永动控制,如图1-2所示。这个设计方案被不少专家学者设计制作出实物进行验证,但从未实现永不停息的转动。随后科学家通过一系列的再设计再验证,均无法实现永动机的永久运行。经历了不断的设计-制作-失败-再设计-再失败后,伟大的能量守恒定律被发现了。这个事例告诉我们多个方面的道理,一是科学是严谨的,提出想法并做出设计需要经过试验验证,"电机与拖动"这门课程是物理学的重要分支,在学习过程中也应秉承严谨、求真的态度对待;二是我们失败的过程也是成长完善的过程,生活难免遭遇失败,工作难免遇到挫折,遇到挫折应不断反思和自省,方能越挫越勇,在挫折中逆水前行。

图1-2 亨内考设计的永动机"魔轮"

请讨论:同学们能从这个例子中收获哪些道理呢?

知识链接

一、交流电机概述

1. 交流电机的定义

交流电机是用于实现机械能和交流电能相互转换的机械。交流电机是由美籍塞尔维亚裔科学家尼古拉·特斯拉发明的,随着交流电力系统的快速发展,变频、软起动等技术取得突破性进展,交流电机已成为工业生产中应用最为广泛的电机。交流电机与直流电机相比,由于没有换向器,因此结构简单、制造牢固、应用方便,容易做成高转速、高电压、大电流、大容量的电机。交流电机功率的覆盖范围很大,从几瓦到几十万千瓦甚至上百万千瓦,20世纪80年代初,最大的汽轮发电机已达150万kW,因此能极大地满足自动化控制需求。

【思政点】**不断创新发展的科研精神:**从法拉第发现电磁感应现象到德国雅可比发明直

流发电机再到特斯拉发明交流电动机，一代代科学家们不畏艰难，敢于创新，不断探索，推动了社会的进步和时代的发展，使得人类文明薪火相继、代代相传。

2. 交流电机的分类

根据产生或使用电能种类的不同，旋转的电磁机械可分为直流电机和交流电机两大类。交流电机可分为异步电机和同步电机两种。电机又可分为电动机和发电机，异步电机主要作为电动机使用。异步电机有单相和三相两种，而三相异步电机又分为笼型和绕线式。

请回答： 电动机是将_____能转换为_____能，发电机是将_____能转换为_____能。

3. 交流电机的特点和用途

三相异步电机具有结构简单、工作可靠、价格低廉、维修方便、效率高、体积小、重量轻等一系列优点。与同容量的直流电机相比，三相异步电机的质量和价格约为直流电动机的1/3，所以应用最为广泛。三相异步电机的缺点是功率因数较低，起动和调速性能不如直流电机。因此，在调速性能要求较高的场合，不得不让位于直流电机。但由于现代电子技术迅猛发展，采用由晶闸管组成的变频电源装置，三相异步电机的调速性能得到了很大改善，故应用更加广泛。交流电机的用途如图1-3所示。

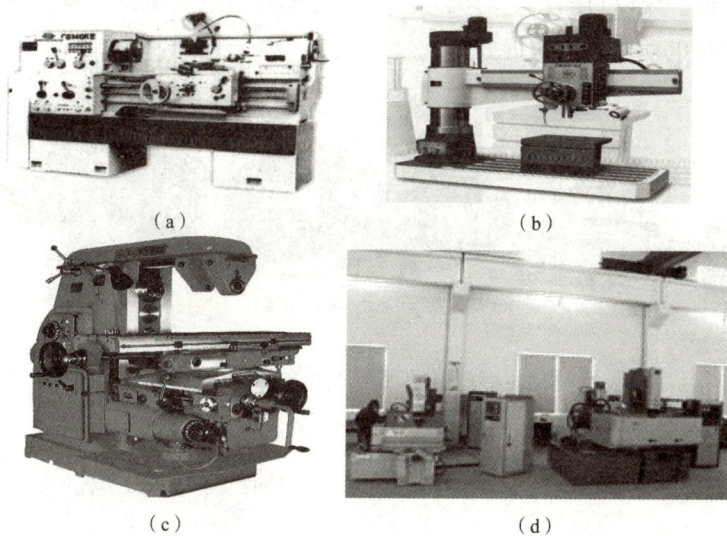

(a)   (b)

(c)   (d)

图1-3 交流电机的用途

(a) 普通车床；(b) 摇臂钻床；(c) 万能铣床；(d) 自动化生产线

同学们算算，买1台直流电机大概可以买_____台三相异步电机。

【思政点】唯物辩证法： 直流电机一经面世，便作为先进事物应用到了各行各业，随着工业的不断发展，对直流电机提出了更高的要求。但随着直流发电技术特别是直流输电技术的限制，直流电机逐步被取代，交流电机慢慢被设计而应用起来。三相交流发电机与鼠笼式三相交流电动机的发明给各个工厂、企业和公司提供了操控方便、快捷、安全、经济、源源不断的动力，从而导致了二次工业革命的爆发，促进了工业开始朝自动化、电机化方向发展。直至目前，交流电机依旧是工业生产中应用最为广泛的动力设备。然而，近几年来，随着企业对经济的最大化追求，生产设备智能化、现代化、精细化的需求促使了特种电机的研发设计，特种电机也因高效率、大转矩、低振动、性价比高等优势日渐被推广到更多领域，成为许多领域的关键技术。从电机发展的历史过程中我们可以看出，事物是不断辩证发展的。

二、三相异步电动机的基本结构及工作原理

1. 三相异步电动机的基本结构

三相异步电动机的结构可分为定子、转子和气隙，与直流电动机结构类似。定子就是电动机固定不动的部分，转子是电动机旋转的部分。由于异步电动机的定子产生励磁旋转磁场，同时从电源吸收电能，并通过旋转磁场把电能转换成转子上的机械能，所以与直流电动机不同，交流电动机的定子是电枢。此外，定子和转子之间还必须有一定的间隙，以保证转子能自由转动。异步电动机的气隙较其他类型的电动机气隙要小，一般为 0.2 ~ 2 mm。

三相异步电动机有开启式、防护式和封闭式等多种形式，以适应不同的工作需要。在某些特殊场合，还有特殊的外形防护形式，如防爆式、潜水泵式等，不管外形如何，电动机结构基本上是相同的。现以封闭式电动机为例介绍三相异步电动机的结构。图 1 - 4 所示为一台封闭式三相异步电动机的结构拆分图。

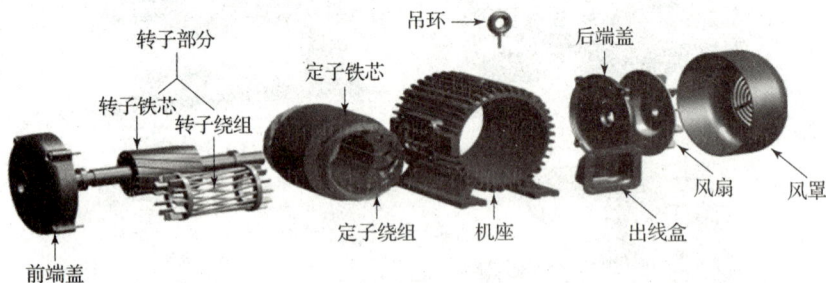

图 1 - 4　三相异步电动机的结构拆分图

1）定子部分

定子部分由机座、定子铁芯、定子绕组及端盖和轴承等部件组成。

（1）机座。

机座用来支撑定子铁芯和固定端盖。中小型电动机机座一般用铸铁浇铸而成，大型电动机多采用钢板焊接而成。

（2）定子铁芯。

定子铁芯是电动机磁路的一部分。为了减小涡流和磁滞损耗，通常用 0.5 mm 厚的硅钢片叠压成圆筒，硅钢片表面的氧化层（大型电动机要求涂绝缘漆）作为片间绝缘，在铁芯的内圆均匀分布有与轴平行的槽，用以嵌放定子绕组。

定子铁芯用硅钢片叠压而成的目的是什么？相较于整块铸铁或铸钢，硅钢片叠压的铁芯存在哪些劣势？

（3）定子绕组。

定子绕组是电动机的电路部分，也是最重要的部分，一般是由绝缘铜（或铝）导线绕制的绕组连接而成。它的作用就是利用通入的三相交流电产生旋转磁场。通常，绕组是用高强度绝缘漆包线绕制成各种形式的绕组，按一定的排列方式嵌入定子槽内，槽口用槽楔（一般为竹制）塞紧。槽内绕组匝间、绕组与铁芯之间都要有良好的绝缘。如果是双层绕组（就是一个槽内分上下两层嵌放两条组边），则还要加放层间绝缘。

（4）轴承。

轴承是电动机定、转子衔接的部位，轴承有滚动轴承和滑动轴承两类，目前多数电动机都采用滚动轴承。这种轴承的外部有储存润滑油的油箱，轴承上还装有油环，轴转动时带动油环转动，把油箱中的润滑油带到轴与轴承的接触面上。为使润滑油能分布在整个接触面上，轴承上紧贴轴的一面一般开有油槽。

利用物理知识，解释下多数电动机采用滚动轴承的原因。

2）转子部分

转子是电动机中的旋转部分，一般由转轴、转子铁芯、转子绕组、风扇等组成。转轴用碳钢制成，两端轴颈与轴承相配合，出轴端铣有键槽，用以固定皮带轮或联轴器。转轴是输出转矩、带动负载的部件。转子铁芯也是电动机磁路的一部分，由 0.5 mm 厚的硅钢片叠压成圆柱体，并紧固在转子轴上。转了铁芯的外表面有均匀分布的线槽，用以嵌放转子绕组。电动机转子上一般会安装风扇或风翼，便于电动机运转时通风散热。铸铝转子一般是将风翼和绕组（导条）一起浇铸出来的。

三相交流异步电动机按照转子绕组形式的不同，一般可分为笼型异步电动机和绕线型异步电动机。

（1）笼型异步电动机。

笼型异步电动机的转子线槽一般都是斜槽（线槽与轴线不平行），目的是改善起动与调速性能。笼型绕组（也称为导条）是在转子铁芯的槽内嵌放裸铜条或裸铝条，然后用两个金属环（称为端环）分别在裸金属导条两端把它们全部接通（短接），即构成了转子绕组。小型笼型电动机一般用铸铝转子，这种转子是用熔化的铝液浇在转子铁芯上，导条、端环一次浇铸出来。如果去掉铁芯，则整个绕组酷似鼠笼，因此得名笼型异步电动机，如图 1-5 所示。

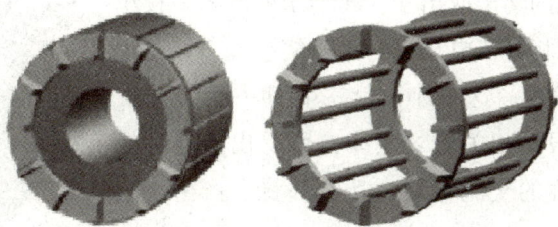

图 1-5 笼型异步电动机的转子绕组形式

（2）绕线型异步电动机。

绕线型转子绕组与定子绕组类似，由镶嵌在转子铁芯槽中的三相绕组组成。绕组一般采用星形连接，三相绕组的尾端接在一起，首段分别接到转轴上的 3 个铜滑环上，通过电刷把 3 根旋转的线变成了固定线，与外部的变阻器连接，构成转子的闭合回路，以便于控制，如图 1－6 所示。有的电动机还装有提刷短路装置，当电动机起动后又不需要调速时，可提起电刷，同时使用 3 个滑环短路，以减少电刷磨损。

图 1－6　绕线型异步电动机的转子绕组形式

两种转子相比较，笼型转子结构简单、造价低廉，并且运行可靠，因而应用十分广泛。绕线式转子结构较复杂，造价也高，但是它的起动性能较好，并能利用变阻器阻值的变化使电动机在一定范围内调速，故在起动频繁、需要较大起动转矩的生产机械（如起重机）中常常被采用。

【思政点】提升核心竞争力： 绕线式异步电动机虽然造价高但却具备起动、调速性能好的优势，因此不会被完全淘汰。同学们今后走入社会，切记要不断提高自身核心竞争力，方能不被替代、不被淘汰。

3）气隙

所谓气隙就是定子与转子之间的间隙。中小型异步电动机的气隙一般为 0.2～1.5 mm。气隙的大小对电动机性能影响较大，气隙大磁阻也大，产生同样大小的磁通，所需的励磁电流也越大，电动机的功率因素也就越低。但气隙过小将给装配造成困难，散热效果差，使电动机运行不可靠。

👉　讨论一下气隙过大对电动机的影响。

---

2. 三相异步电动机的工作原理

1）旋转磁场产生的实验研究

将三相异步电动机的转子取出来，在转子处放入一枚小磁针并固定，然后给三相异步电动机的定子绕组通三相对称的交流电。实验结果发现，这枚小磁针一直朝一个方向旋转，如图1－7所示。根据相关磁场定律，可得出给电动机定子绕组通入三相对称的交流电后，其内部将会产生旋转磁场。

图 1－7　旋转磁场实验研究

2）旋转磁场产生的理论研究

旋转磁场是一种极性和大小不变，且以一定转速旋转的磁场。根据实验研究，在对称三相绕组中通入对称三相交流电时会产生旋转磁场。下面对电动机转子的旋转进行受力分析。

【拓展知识】电磁感应中的右手定则：伸出右手，大拇指与其余四个手指垂直，保持同一平面，磁场穿过掌心，大拇指指向导线运动方向，四个手指则为感应电流的方向。

如图 1-8 所示，选取一对永久磁极 N、S，其中间放入一根转子导线，以中间点为中心轴旋绕，我们来验证这根导线中感应的电流方向和受力运动方向。假设磁场的旋转是逆时针的，根据相对运动原理，这就相当于转子导线相对于永久磁铁以顺时针方向切割磁力线，结合"左力右电"原则可得出转子导线感应电流的方向，"×"表示电流方向指里，"·"表示电流方向指向外。转子导线有了电流后周围会产生磁场，因此会受到力的作用，受力方向如图 1-8 所示。导线两边受到两个反方向的力 F，它们相对转轴产生电磁转矩（磁力矩），使导线发生转动，转动方向与磁场旋转方向一致，但永久磁铁旋转的速度 n_0 要比导线旋转的速度 n 大。从这一理论分析可以得出，在旋转的磁场中，闭合导体会因发生电磁感应而成为通电导体，进而受电磁转矩作用而顺着磁场旋转的方向转动。实际的电动机中不可能用手去摇永久磁铁产生旋转的磁场，而是通过其他方式产生旋转磁场，如在交流电动机的定子绕组中通入对称的交流电，便产生旋转磁场，这个磁场虽然看不到，但是人们可以感受到它所产生的效果，其与有形体的旋转磁场效果一样。通过这个实验可以清楚地看到，交流电动机得以运转的主要原因是产生旋转磁场。

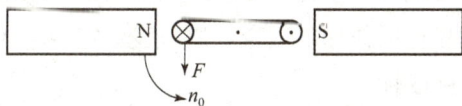

图 1-8　旋转磁场理论研究

3）三相异步电动机的工作原理

三相异步电动机转子转动的过程：给电动机定子绕组通入三相对称的交流电源→定子绕组产生三相对称电流→三相对称电流在电动机内部建立旋转磁场→旋转磁场与转子绕组产生相对运动→转子绕组中产生感应电流→感应电流转子绕组在磁场中受到电磁力的作用→在电磁力作用下，转子朝一定方

三相异步电动机的
工作原理

向旋转，转速为 n。因此异步电动机的工作原理可总结为：**电生磁**（三相定子绕组通入三相对称电流，在空间产生了旋转磁场）→**磁生电**（闭合的转子绕组切割磁力线，产生感应电流）→**电磁相互作用产生电磁力**（此电流又与旋转磁场相互作用产生电磁转矩，使转子跟随旋转磁场同向转动）。根据电磁感应工作原理，三相异步电动机又名感应电动机。

旋转磁场是一种极性和大小不变，且以一定转速旋转的磁场。所谓三相对称绕组就是三个外形、尺寸、匝数都完全相同，首端彼此互隔120°，对称地放置到定子槽内的三个独立的绕组，它们的首端分别用字母 U1、V1、W1 表示，末端分别用 U2、V2、W2 表示。由电网提供的三相电压是对称三相电源。由于对称三相绕组组成的三相负载是对称三相负载，每相负载的复阻抗都相等，故流过三相绕组的电流也必定是对称三相电流。

👉 产生旋转磁场的条件：

(1) _____

(2) _____

对称三相电流的函数式表示为

$$i_U = I_m \sin \omega t$$

$$i_V = I_m \sin(\omega t - 120°)$$

$$i_U = I_m \sin(\omega t + 120°)$$

其波形图如图 1-9 所示。

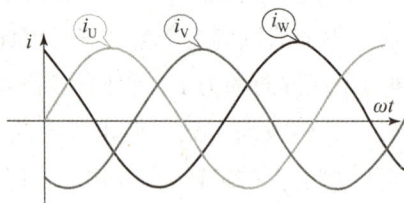

图 1-9   对称三相电流波形图

由于三相电流随时间的变化是连续的，且极为迅速，为了能考察它所产生的合成磁效应，说明旋转磁场的产生，可以选定 $\omega t_1 = 0$、$\omega t_2 = 2\pi/3$、$\omega t_3 = 4\pi/3$、$\omega t_4 = 2\pi$ 四个特殊瞬间以窥全貌，如图 1-10 所示。同时规定：电流为正值时，从每相绕组的首端入、末端出；电流为负值时，从末端入、首端出。用符号 ⊙ 表示电流流出，用 ⊗ 表示电流流入。由于磁力线是闭合曲线，故对它的磁极性质作如下假定：磁力线由定子转入转子时，该处的磁场呈现 N 极磁性；反之，则呈现 S 极磁性。

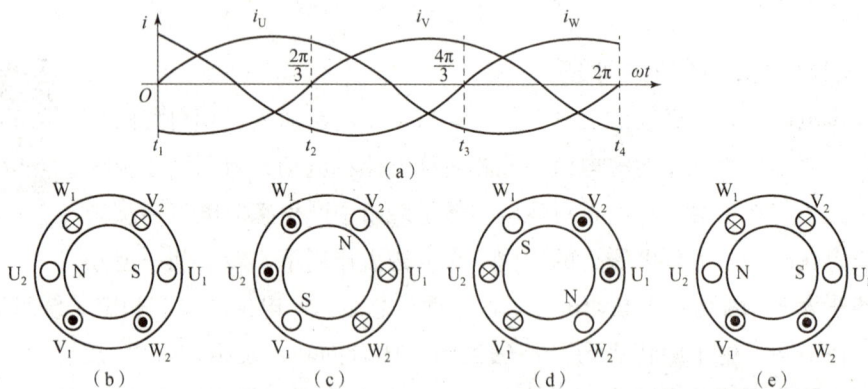

图 1-10   旋转磁场的产生

（a）电流波形图；（b）$\omega t = 0$；（c）$\omega t = \dfrac{2\pi}{3}$；（d）$\omega t = \dfrac{4\pi}{3}$；（e）$\omega t = 2\pi$

当 $\omega t = \omega t_1 = 0$ 时，U 相电流 $i_U = 0$，V 相电流取为负值，即电流由 V_2 端流进、V_1 端流出；W 相电流 i_w 为正，即电流从 W_1 端流进、W_2 端流出。根据右手螺旋定则可以判断出此时电流产生的合成磁场，此时好像有一个有形体的永久磁铁的 N 极被放在导体 U_2 的位置上，S 极被放在导体 U_1 的位置上。

当 $\omega t = \omega t_2 = 2\pi/3$ 时，电流已变化了 1/3 周期，此时刻 i_U 为正，电流由 U_1 端流入、U_2 端流出，i_v 为零；i_w 为负，电流从 W_2 端流入、W_1 端流出。磁场方向较 $\omega t = \omega t_1$ 时沿顺时针方向在空间转过了 $120°$。

用同样的方法，继续分析电流在 $\omega t = \omega t_3$、$\omega t = \omega t_4$ 时的瞬间情况，便可得这两个时刻的磁场，如图 1 – 10（d）和图 1 – 10（e）所示。在 $\omega t = \omega t_3 = 4\pi/3$ 时刻，合成磁场方向较 ωt_3 时刻又顺时针转过 $120°$。在 $\omega t = \omega t_4 = 2\pi$ 时刻，磁场较 ωt_3 时再转过 $120°$，即自 t_1 时刻至 t_4 时刻，电流变化了一个周期，磁场在空间也旋转了一周。电流继续变化，磁场也不断旋转。从上述分析可知，三相对称的交变电流通过对称的 3 组绕组产生的合成磁场，是在空间旋转的磁场，而且是一种磁场幅值不变的圆形旋转磁场。

三相异步电动机的基本原理是：把对称的三相交流电通入彼此间隔 $120°$ 电角度的三相定子绕组，可建立起一个旋转磁场。根据电磁感应定律可知，转子导体中必然会产生感生电流，该电流在磁场的作用下会产生与旋转磁场同方向的电磁转矩，并随磁场同方向旋转。

【思政点】严谨求真的科学态度：三相异步电动机旋转磁场的存在不仅利用实验验证，而且采用理论论证，最终得出结论。科学是严谨的，任何的科学真理都需要秉承严谨求真的态度，从多方面论证，方能得出正确的结论。

3. 转子绕组接线方法

三相对称的定子绕组是电动机定子的电路部分，应用绝缘铜线或铝线绕制而成，如图 1 – 11 所示。根据异步电动机工作原理可知，三相绕组是三个外形、尺寸、匝数都完全相同，首端彼此互隔 $120°$，对称地放置到定子槽内的三个独立的绕组。

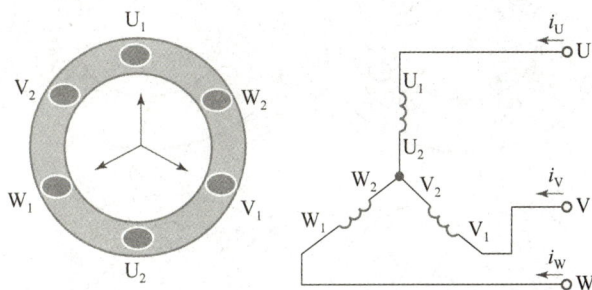

图 1 – 11　三相异步电动机定子绕组

三相异步电动机定子绕组的三个首端 U_1、V_1、W_1 和三个尾端 U_2、V_2、W_2 都从机座上的接线盒中引出的。定子绕组的接线方法有两种，分别是 Y 形和 △ 形。一般功率在 3 kW 及以下者采用星形接法（Y），在 4 kW 以上者采用三角形接法（△）。具体接线方法如图 1 – 12 所示。

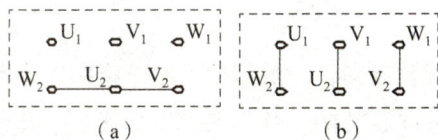

（a）　　　　　　　　（b）

图 1 – 12　三相异步电动机定子绕组接线方法

（a）Y 形接法（尾端连到一点）；（b）△ 形接法（首尾相连）

👉 讨论一下，电动机的额定功率为 40 W 是否能采用三角形接法呢？

三、三相异步电动机的调速原理

1. 旋转磁场的转速

旋转磁场的速度也称为"同步转速"，用 n_1 表示，其单位是 r/min。它的大小由交流电源的频率及磁场的磁极对数决定。若只能产生一对磁极的电动机，电流变化一个周期，旋转磁场转一圈；若电源电流的频率为 f(Hz)，则一对磁极的旋转速度应为 $n_1 = 60f$(r/min)。我国国家电网供电电流的频率为 $f = 50$ Hz，则一对磁极旋转磁场的转速就是 $50 \times 60 = 3\,000$（r/min）。若定子绕组采用的排列方式不同，那么产生的磁极对数也不同。通过对图 1-13 分析可知，每当交流电变化一个周期，两极旋转磁场就在空间转过 360°（即 1 转）机械角度，电流变化一周时四极的旋转磁场在空间只转过 180°（即 1/2 转）机械角度，由此类推，当旋转磁场具有 p 对磁极时，交流电每变化一周，磁场就在空间转过 $1/p$ 转。故旋转磁场的转速（同步转速）n_1 为

$$n_1 = 60f/p$$

式中：f——电流的频率；

p——定子绕组产生的磁极对数。

（三相异步电动机的转速）

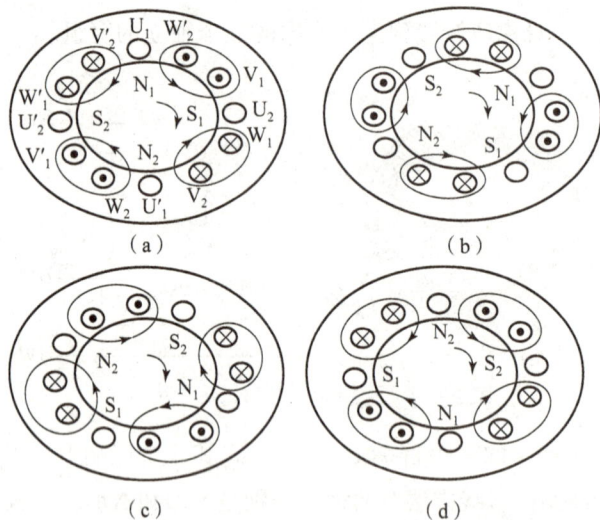

图 1-13 旋转磁场的产生

2. 旋转磁场的旋转方向

交流电动机旋转磁场的旋转方向，一般与接入定子绕组的电流相序有关。如前面举的两个例子，磁场都是按顺时针方向旋转的，这与三相电源通入三相绕组的电流相序 $I_U - I_V - I_W$（正相电流）是一致的。若要使磁场按逆时针方向旋转，只需改变通入三相绕组中的电流相序，也就是说通入三相绕组的电流相序为 $I_W - I_V - I_U$ 反（负）序，即只要把三相绕组的 3 根

引出线头任意调换两根后再接电源即可实现。如图 1 – 14 所示，将 U 和 W 两相电对调后接入电动机中，电动机将改变旋转磁场方向，从而改变电动机转子的旋转方向。

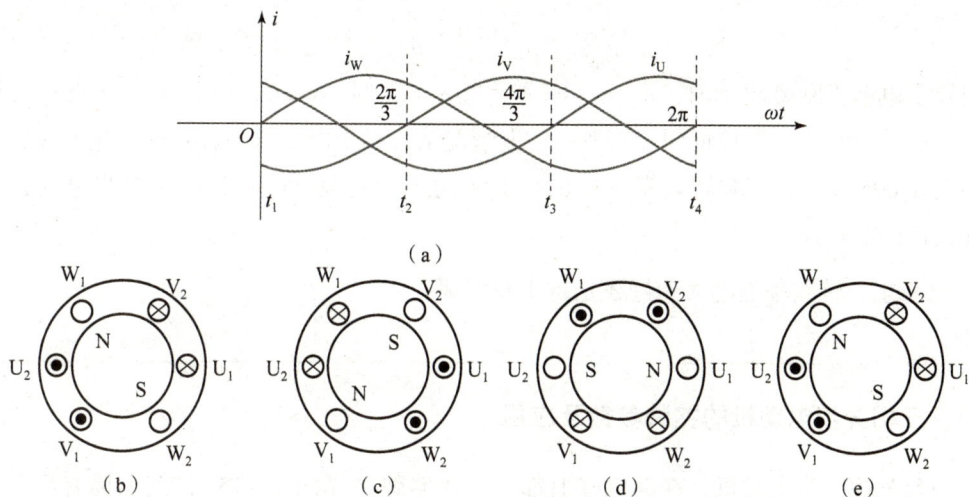

图 1 – 14　三相绕组通入反（负）序电流时的旋转磁场

3. 转子的转速

转子的旋转速度一般称为电动机的转速，用 n 表示。根据前面的工作原理可知，转子是被旋转磁场拖动而运行的，在异步电动机处于电动状态时，它的转速恒小于同步转速 n_1。这是因为转子转动与磁场旋转是同方向的，转子比磁场转得慢，转子绕组才可能切割磁力线，产生感生电流，转子也才能受到磁力矩的作用。假如有 $n = n_1$ 情况，则意味着转子与磁场间无相对运动，转子不切割磁力线，转子中就不会产生感应电流，它也就受不到磁力矩的作用了。如果真的出现了这样的情况，转子会在阻力矩的作用下逐渐减速，使得 $n < n_1$。当转子受到的电磁力矩和阻力矩平衡时，转子保持匀速转动。所以异步电动机在正常运行时，总是 $n < n_1$，这也正是此类电动机被称作"异步"电动机的由来。又因为转子中的电流不是由电源供给而是由电磁感应产生的，所以这类电动机也称为感应电动机。根据推导分析可得出转子的转速公式为

$$n_1 = \frac{60f}{p}(1 - s)$$

式中：f——电流的频率；

　　　p——定子绕组产生的磁极对数；

　　　s——转差率。

根据电动机的转速公式，可知电动机有三种调速方法，分别为：

(1) _____

(2) _____

(3) _____

4. 转差率

旋转磁场的同步转速与转子转速之差和同步转速的比值，称为异步电动机的转差率，即

$$s = \frac{n_1 - n}{n_1} = 1 - \frac{n}{n_1}$$

当异步电动机刚要起动时，$n = 0$，$s = 1$；当 $n = n_1$ 时，$s = 0$。当异步电动机正常使用时，电动机转速略小于但接近同步转速。一般情况下，异步电动机的转差率变化不大，空载转差率在 0.005 以下，满载转差率在 0.02 ~ 0.06 之间。可见，额定运行时异步电动机的转子转速接近同步转速。

👉 想一想，转差率是越大越好还是越小越好呢?

四、三相异步电动机的铭牌参数及应用

每一台三相异步电动机，在其机座上都有一块铭牌（见图 1 - 15），其上标有型号和额定值等，详见表 1 - 2。

图 1 - 15　老式钢印铭牌图片

表 1 - 2　三相异步电动机的铭牌

三相异步电动机						
型号	Y112M - 2			额定电流	8.2 A	
额定电压	380 V	功率	4 kW	额定转速	2 890 r/min	
接法	△	防护等级	IP44	额定频率	50 Hz	
功率因素	0.8	工作方式	连续	出厂年月	×年×月	
×××电机厂						

👉 请查阅相关资料，掌握防护等级 IP44 代表的含义。

1. 型号

异步电动机型号的表示方法是用汉语拼音的大写字母和阿拉伯数字来表示电动机的种类、规格和用途等，其型号意义如下：

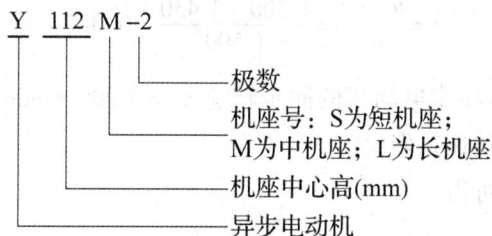

$$\underset{\text{异步电动机}}{\underset{\text{机座中心高(mm)}}{\underset{\text{机座号：S为短机座；}}{\underset{\text{极数}}{Y\ 112\ M-2}}}}$$

极数

机座号：S为短机座；
M为中机座；L为长机座

机座中心高(mm)

异步电动机

中心高越大，电动机容量越大，如中心高 80～315 mm 为小型电动机，315～630 mm 为中型电动机，630 mm 以上为大型电动机。在同一中心高下，基座长则铁芯长、容量大。

2. 额定值

三相异步电动机铭牌上标注着额定值。

1）额定功率

额定功率 P_N（kW）指电动机额定工作状态时，电动机轴上输出的机械功率。

$$P_N = \sqrt{3} I_N U_N \cos\phi_N \eta_N$$

2）额定电压

额定电压 U_N（V）指电动机额定工作状态时，电源加于定子绕组上的线电压。

3）额定电流

额定电流 I_N（A）指电动机额定工作状态时，电源加于定子绕组上的线电流。

4）额定转速

额定转速 n_N（r/min）指电动机额定工作状态时，转轴的转速。

5）额定频率

额定频率 f_N（Hz）指电动机所接交流电源的频率。

6）额定工作制

额定工作制指电动机在额定状态下工作，可以持续运转的时间和顺序，可分为连续工作的额定 S_1、短时工作的额定 S_2、断续工作的额定 S_3 等三种。

此外，铭牌上还标明绕组的相数与接法（接成星形或三角形）、绝缘等级及温升等。对于绕线型异步电动机，还应标明转子的额定电动势及额定电流。

3. 应用计算

【例1-1】已知一台四极三相异步电动机转子的额定转速为 1 430 r/min，求它的转差率。

解：同步转速

$$n_1 = \frac{60f_1}{p} = \frac{60 \times 50}{2} = 1\,500 (\text{r/min})$$

转差率

$$s = \frac{n_1 - n}{n_1} = \frac{1\,500 - 1\,430}{1\,500} = 0.047$$

【例 1 - 2】 已知一台异步电动机的同步转速 $n_1 = 3\,000$ r/min，额定转差率 $s_N = 0.03$，问该电动机额定运行时的转速是多少？

解：由转差率表示式可得

$$n_N = n_1(1 - s_N) = 3\,000 \times (1 - 0.03) = 2\,910 (\text{r/min})$$

◢ 任务实施

本任务要求学生坚持 CDIO（构思→设计→实现→运作）理念为指导，完成三相异步电动机定子绕组的 Y 形接法和 △ 形接法。

一、任务构思

如何实现三相异步电动机定子绕组的 Y 形和 △ 形接线？电动机的定子绕组输出端不接成 Y／△ 形式是否能运行？

根据课程内容可知，定子绕组的 Y 形接法是_____；定子绕组的 △ 形接法是首尾相连，即用三根短接线将 U_1 接 V_2、V_1 接 W_2、W_1 接 U_2。

二、任务设计

实训所需材料清单如表 1 - 3 所示，根据图 1 - 12 完成任务的设计。

表 1 - 3　设备清单

类型	名称	数量	功能	备注
设备	三相异步电动机	1	控制对象	
材料	导线	6	连接	红、绿、黄三色各 2 根

三、任务实现

1. 任务操作工单

操作工单见表 1 - 4。

表 1-4　操作工单

学生姓名		班级		成绩	
任务描述	完成三相异步电动机定子绕组的Y形接法和△形接法				
任务目标	1. 能完成三相异步电动机定子绕组的Y、△形接法； 2. 养成良好的职业素养				
设备工具	三相异步电动机，连接线				
信息获取	获取电动机信息： 型号：_____　　　　　　额定电压：_____ 额定功率：_____　　　　　　额定转速：_____ 额定电流：_____　　　　　　接法：_____				
操作流程	1. 准备工作				
	(1)	设备选择	操作要点和注意事项		
	(2)	材料准备			
	(3)	设备检查			
	2. 定子绕组的接线操作				
	(1)	根据接线原理完成Y形接线操作练习			
	(2)	根据接线原理完成△形接线操作练习			
	(3)	练习完成，现场接线演示			
	(4)	教师给予实训最终成绩			
	3. 做好 6S 管理				
	(1)	收好设备、材料			
	(2)	整理好桌面，保证清洁、整齐			
个人自评	技能操作	团队协作	职业素养	总分	
小组互评	技能操作	团队协作	职业素养	总分	

学生姓名			班级		成绩		
教师终评	技能操作	团队协作		职业素养	总分		

注：个人自评（25%）、小组互评（25%）和教师终评（50%），从技能操作、团队协作、职业素养三个方面综合考虑，得出最终成绩。

【思政点】树立"三实作风"和兢兢业业的工作精神：在操作过程中，虽然只需要连接几根线，十分简单，但若不懂原理错接，将会造成很大的故障。同学们走向岗位，应树立正确的职业观、就业观，培养为人诚实、基础扎实、工作踏实的"三实作风"，兢兢业业，方能得到企业和社会的认可。

2. 任务分组

任务分组见表1-5。

表1-5 三相异步电动机的定子绕组接线与实现分组分工表

组号： 组长： 组长联系方式：

成员：

序号	分工项目	负责人	备注

【思政点】现如今，任何一份工作都很少由一个人独立完成，特别是电气控制项目，从承接到交付甲方使用，是由多个岗位人员合作方能保质保量地完成，因此，在实践中，通过以小组讨论、小组协作方式，使同学们理解合作的重要性，并培养同学们担当奉献、与人为善的团队合作精神。

四、任务运作

1. 任务完成检查

通过个人自检、小组互检、教师终检，确定本次任务是否完成到位。

2. 任务总结与反思

本任务是在掌握电动机工作原理的基础上完成电动机定子绕组的接线的，是电动机控制首要掌握的技能。本任务设备材料少、操作难度小。

任务完成后需撰写实操总结报告，报告可以加深学生对知识点的掌握程度，通过撰写报告可回顾操作过程，提升操作的熟练度，提高学生的技术技能。实操报告包括项目题目、目的、要求、原理图、操作步骤和心得体会等内容，见表1-6。

表1-6 实操总结报告

班级：_____   姓名：_____

实操项目	
实操目的	
控制要求	
工作原理图	
操作步骤	
心得体会	

3. 任务评价

本任务的评价指标及评价内容在项目评价体系中所占分值及小组评价和教师评价在本项目考核中的比例见表1-7。任课教师对每位学生进行评价，并得出其最后实训成绩，纳入最终的考核成绩。

表 1-7　考核评价体系表

班级：_____　　　　　　　姓名：_____

序号	评价指标	评价内容	分值	个人自评（20%）	组内自评（20%）	组间互评（25%）	教师评价（35%）
1	理论知识	是否掌握三相异步电动机的工作原理	40				
2	实操训练	能否顺利完成接线，团队分工合作、互帮互助	50				
3	答辩	本任务涵盖的知识点是否都比较熟悉	10				
4	最终成绩						

知识小词典

1. 直流电机基础知识

讲到交流电机，便会使人联想到直流电机。

直流电机是直流发电机和直流电动机的总称，直流发电机将机械能转化为电能；直流电动机则将电能转化为机械能。直流电动机虽然比三相异步电动机的结构复杂，维护也不方便，但是由于它的调速性能好、起动转矩较大，因此，常用于对调速要求较高的生产机械（如龙门刨床、镗床和轧钢机等）或需要较大起动转矩的生产机械（如起重机械和电力牵引设备等）。直流电动机按励磁方式分为并励电动机、串励电动机、复励电动机和他励电动机四种。

直流电动机主要由磁极、电枢和换向器组成，其工作原理如图 1-16 所示。电动机具有一对磁极，电枢绕组是一个线圈，线圈两端分别连在两个换向片上，换向片上压着电刷 A 和 B，直流电源接在两个电刷上。当直流电动机运行时，N 极下电枢绕组有效边中的电流与 S 极下电枢绕组有效边中的电流方向相反，根据左手定则，两个边上受到的电磁力方向一致，电枢因而转动。当 N 极下电枢绕组有效边转到 S 极下，S 极下电枢绕组有效边转到 S 极下，S 极下电枢绕组有效边转到 N 极下时，其两条边上的电流方向由于换向片而同时改变，但电磁力的方向不变，因此电动机连续运行。

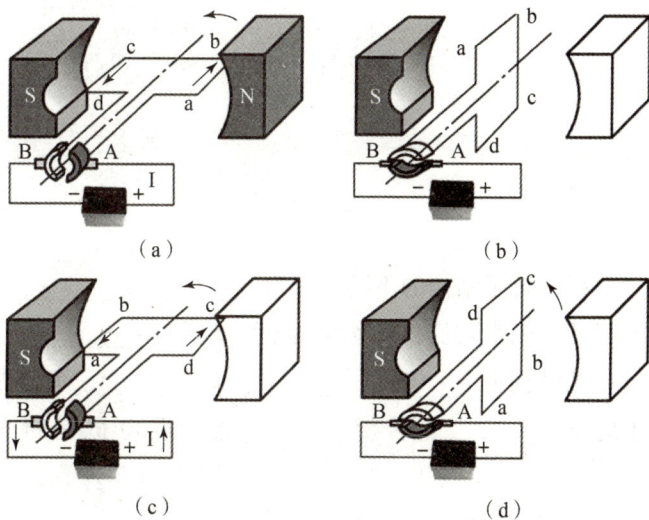

图 1-16　直流电动机的工作原理

2. CDIO 理念

CDIO（Conceive - Design - Implement - Operate，即构思 - 设计 - 实现 - 运作）是由美国麻省理工学院联合瑞典查尔斯技术学院、瑞典皇家工学院和瑞典林克平大学三所知名工程高校，经过四年的探索研究创立而形成的一种新型的国际工程教育模式。CDIO 工程教学模式围绕构思、设计、实现、运作思路展开，以工程项目从研发到完成的全过程为载体，使学生在实践项目中学习工程基础知识，实现理论与实践的完美结合，有效提升实践应用能力。相较于传统教学模式，CDIO 更加注重对学生能力的培养，其能力评价指标包括工程基础能力、个人能力、人际团队能力和工程系统能力，因此，在欧美等发达国家受到广泛的认可，成为近年来国际工程教育改革的最新成果。2015 年，CDIO 理念引入我国，因其培养过程符合工程人才培养的规律而引起了我国高等院校的关注与参与。CDIO 理念最先应用于本科教学研究，目前，我国以汕头大学为首共 8 所高等院校成为 CDIO 项目成员，并随着改革研究的发展和推进，逐步引入至高职教育的教学改革。

CDIO 教学模式是围绕构思、设计、实现、运作思路展开，以工程项目从研发到完成的全过程为载体，使学生在实践项目中学习工程基础知识，有效地提升实践应用能力。这一特点与电动机控制技术的工程过程特点及注重培养同学们的能力不谋而合。因此，本课程坚持以学生为主体，将 CDIO 理念引入教学过程中，贯穿电气控制技术的应用分析设计、技术实现和运行维护的全过程，对课程进行教学改革和实践，以期实现高素质技术技能型人才的培养。

课后习题

班级：_____   姓名：_____

一、填空题

1. 三相异步电动机根据转子结构的不同可分为_____和_____。

2. 三相异步电动机功率因素较低，起动和调速性能不如_____。

3. 三相异步电动机的结构由_____、_____和_____三个部分组成。

4. 交流电动机是将_____能转变_____能；发电机是将_____能转变成_____能。

5. 三相异步电动机其定子包括_____、_____、_____和_____四个部分。

6. 三相异步电动机功率在_____宜采用三角形接法。

7. 绕线式异步电动机相较于鼠笼型异步电动机存在_____和_____优势。

8. 中小型异步电动机的气隙一般为_____mm。

9. 根据电磁感应原理工作，三相异步电动机又称为_____。

10. 给异步电动机通入三相对称的交流电，每相间隔_____。

11. 三相交流电 U 相电流函数式为_____，当电流为上半轴时，电流方向为_____，流过绕组的方向是_____。

12. 旋转磁场的转速公式为_____，根据公式可知，其转速与_____和_____两个参数有关。

13. 旋转磁场的旋转方向由_____决定。

14. 三相异步电动机的转速公式为_____，根据公式我们可知，电动机的转速由_____、_____和_____三个参数决定。

15. 电动机常见的工作方式有_____、_____和_____三种。

二、选择题

1. 与同容量的直流电动机相比，三相异步电动机的质量和价格约为直流电动机的（　　）倍。

A. 3   B. 1/3   C. 2   D. 1/2

2. 在三相异步电动机中，（　　）是电枢。

A. 定子   B. 转子   C. 气隙   D. 电刷

3. 三相异步电动机功率在（　　）宜采用星形接法。

A. 3 kW 以上   B. 3 kW 以下   C. 10 kW 以上   D. 10 kW 以下

4. 三相异步电动机要产生旋转的磁场，则需通入三相对称且间隔（　　）的交流电。

A. 60°   B. 120°   C. 180°   D. 360°

5. 三相交流电 V 为负时，则其流过绕组的方向为（　　）。

A. $V_1 \rightarrow V_1$ B. $V_1 \rightarrow V_2$ C. $V_2 \rightarrow V_2$ D. $V_2 \rightarrow V_1$

6. 三相交流电 W 为正时，则其流过绕组的方向为（　　）。

A. $W_1 \rightarrow W_1$ B. $W_1 \rightarrow W_2$ C. $W_2 \rightarrow W_2$ D. $W_2 \rightarrow W_1$

7. 三相异步电动机的型号为 Y112L－6，则其磁极对数为（　　）。

A. 1   B. 2   C. 3   D. 4

8. 三相异步电动机的空载转差率在（　　）。

A. 0.002 以下   B. 0.002 以上   C. 0.005 以下   D. 0.005 以上

三、多选题

1. 交流电机可分为（　　）两种。

A. 交流   B. 直流   C. 异步   D. 同步   E. 三相

2. 三相异步电动机的转子是由（　　）组成的。

A. 转轴   B. 转子铁芯   C. 转子绕组   D. 风扇   E. 轴承

3. 电动机常见的工作方式有（　　）。

A. 连续工作制   B. 断续工作制

C. 短时工作制   D. 瞬时工作制

E. 周期工作制

4. 根据异步电动机的转速公式可知，电动机转速由（　　）参数决定。

A. 频率   B. 磁极对数   C. 转差率   D. 电流   E. 电压

5. 三相异步电动机铭牌上必备的参数有（　　）。

A. 额定电压   B. 额定电流   C. 额定功率   D. 额定转速   E. 使用方法

四、简答题

1. 三相异步电动机的结构包括哪些？

2. 简述电机是如何分类的。

3. 气隙过大会对电动机产生怎样的影响？过小又会对电动机产生怎样的影响？

4. 定子铁芯为何采用金属材质？可采用塑料做铁芯吗？为什么？

5. 交流电动机在生产生活中有哪些典型的应用？

6. 简述三相异步电动机的工作原理。

7. 如何对异步电动机产生的旋转磁场进行试验验证？

8. 总结三相异步电动机产生旋转磁场的条件。

9. 三相异步电动机如何实现反转？

10. 三相异步电动机为什么称为"异步"？

五、判断题

1. 根据产生或使用电能种类的不同，旋转的电磁机械可分为发电机和电动机两大类。

（　　）

2. 直流电动机具有结构简单、工作可靠、价格低廉、维修方便、效率高、体积小、重量轻等一系列优点。（　　）

3. 定子就是电动机固定不动的部分，转子是电动机旋转的部分。（　　）

4. 三相异步电动机定子与转子之间的气隙越大越好。（　　）

5. 所有电机的铁芯均采用硅钢片叠压而成。（　　）

6. 异步电动机三相定子绕组必须三个外形、尺寸、匝数都完全相同。（　　）

7. 任何三相异步电动机定子绕组的接法可以是Y形，也可以是△形。（　　）

8. 绕线式异步电动机起动性能较好，并能利用变阻器阻值的变化使电动机在一定范围内调速。（　　）

9. 交流电动机旋转磁场的转速不一定大于其转子的转速。（　　）

10. 电流取正值时，是由绕组始端流进；电流取负值时，绕组中电流方向与此相反。（　　）

11. 三相交流电 W 为正时，则其流过绕组的方向为 $W_2 \rightarrow W_1$。（　　）

12. 三相异步电动机转子转向与旋转磁场方向一致。（　　）

13. 只要把三相绕组的 3 根引出线头任意调换两根后再接电源便可实现电动机的反转。（　　）

14. 交流电动机和直流电动机一样，转子是电枢。（　　）

六、计算题

1. 某三相异步电动机，型号为 Y112L－2，其额定转速为 2 500 r/min，电源频率为 50 Hz。试求：电动机的磁极对数、同步转速 n_1 和转差率。

2. 某三相异步电动机，型号为 Y216L－6，其转差率为 0.05，电源频率为 50 Hz。试求：电动机的磁极对数、同步转速和额定转速。

任务二
三相异步电动机
单向起停控制与实现

工
作
手
册

姓名：＿＿＿＿＿＿＿＿

工位号：＿＿＿＿＿＿＿

时间：＿＿＿＿＿＿＿＿

电气控制在日常生活及工业生产中随处可见，小至家用电器、大至航空航天设备等，电气控制被广泛地应用，因此，掌握电气控制技术并了解其原理十分重要。电气控制主要分为两大类，一种是传统的以继电器、接触器等为主搭接起来的逻辑电路；另一种是基于 PLC 的以弱电控制强电的系统，称为现代电气控制系统。本课程主要讲解的是基础、传统的继电器控制系统。

本任务通过三相异步电动机单向起停控制与实现，使学生了解低压电器的定义、分类、结构及工作原理等基础知识点；掌握常用低压电器（如按钮、接触器、刀开关、熔断器等）的定义、文字符号、图形符号、工作原理及选用；熟悉电气控制线路图的分类、作用和识读方法；最后掌握三相异步电动机单向点动和长动控制设计法及工作原理。与此同时，在对三相异步电动机的单向点动和连动控制线路进行安装、调试的过程中，进一步加深学生对低压电器工作原理和电机拖动技术的理解，提高学生对三相异步电动机单向起动控制的认识。

完成如图 2-1 所示的三相异步电动机单向点动和长动控制的接线与调试工作。

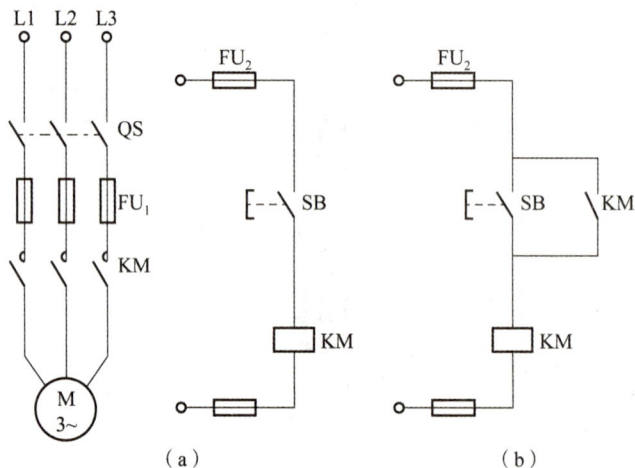

图 2-1　三相交流异步电动机单向点动和长动控制电气原理图
（a）点动控制；（b）长动控制

任务目标见表 2-1。

表 2-1 任务目标

序号	类别	目标
一	知识点	1. 低压电器的分类、结构、工作原理及型号含义； 2. 常用低压电器（按钮、接触器、刀开关、熔断器）的基础知识； 3. 电气原理图的识读和设计方法； 4. 三相异步电动机的单向点动和长动控制原理
二	技能点	1. 常用低压电器的选用； 2. 电气原理图的识读和分析方法； 3. 三相异步电动机单向起停控制接线要点
三	职业素养	1. 学生发现问题、分析问题和解决问题的能力； 2. 良好的职业素养和团队协作能力； 3. 质量、成本、安全、环保意识； 4. 严谨求真的唯物史观； 5. 责任担当的爱国情怀； 6. 精益求精的工匠精神

◣ 任务描述

在掌握三相异步电动机单向点动与长动控制设计方法和原理的基础上，能识读并参照电气原理图，在实训室给定的设备上完成单向点动和长动中电气控制线路主电路和控制电路的接线与调试工作，并进一步理解三相异步电动机的控制原理。

◣ 任务重难点

重点：

1. 掌握常用低压电器的文字符号、图形符号、工作原理及选用；

2. 掌握简单电气原理图的分析方法。

难点：

1. 掌握三相异步电动机单向起停控制原理；

2. 掌握交流接触器的工作原理。

◣ 问题讨论

低压电器的文字符号和图形符号必须遵守国家标准的规定吗？可以自行设计吗？

责任担当的爱国精神

目前，国际上著名的低压电器品牌有 ABB 公司（瑞士）、施耐德 SCHNEIDER 公司（法国）、欧姆龙 OMRon 公司（日本）、西门子 SIEMENS 公司（德国）、通用 GE 电气（美国）等，这些品牌发展迅速，占领中国大部分市场，且保持高度的技术敏锐性，在前沿技术上一直处于国际领先水平。国内较为有名的低压电器品牌有正泰、常熟开关和德力西等，自动化控制行业竞争激烈，国内低压电器品牌市场份额增长迅速，但相较于国际知名品牌，在质量和技术上还有一定差距。目前，我国在科技创新方面面临着多项"卡脖子"难题，特别是美国对华为的制裁事件，惊醒了无数国人，也给国家的发展带来了十分严峻的考验。作为国家未来发展的中坚力量，大学生应牢固树立质量、责任意识和民族责任感，务必奉行老实、踏实、务实的"三实作风"，奋发图强，肩负起中国工业走出中国、走向世界的发展重任。

2019 年低压电器品牌市场占比分布图如图 2-2 所示。

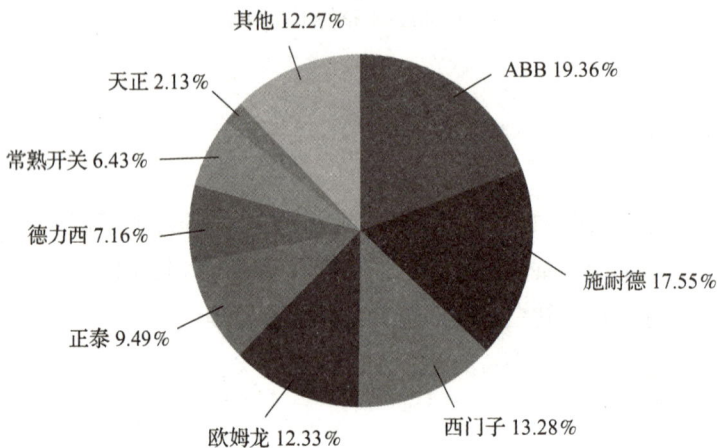

图 2-2　2019 年低压电器品牌市场占比分布图

👉 同学们能从上述事例中收获哪些道理呢？

_____

_____

知 识链接

一、低压电器概述

1. 低压电器的定义

电器能对电能的生产、输送、分配和使用起控制、调节、检测、转换及保护作用，是所有电工器械的简称。按工作电压高低，电器可分为高压电器和低压电器两大类。高压电器是指额定电压为 3 kV 及以上的电器，低压电器是用于交流 50 Hz、额定电压在 1 200 V 及以下或直流额定电压在 1 500 V 及以下的电力线路中起保护、控制、转换和调节等作用的电器元件的总称。

2. 低压电器的分类

低压电器的品种、规格很多，作用、构造及工作原理各不相同，因而有多种分类方法。

1）按用途分类

低压电器按其在电路中所处的地位与作用可分为控制电器和配电电器两大类。控制电器是指电动机完成生产机械要求的起动、调速、反转和停止所用的电器；配电电器是指正常或事故状态下接通或断开用电设备和供电电网所用的电器。

2）按动作方式分类

低压电器按其动作方式可分为自动电器和手动电器两大类。自动电器是依靠本身参数的变化或外来信号的作用，自动完成接通或断开动作的电器；手动电器主要是用手直接操作来进行切换的电器。

3）按有无触头分类

低压电器按其有无触头可分为有触头电器和无触头电器两大类。有触头电器有动触头和静触头之分，利用触头的合与分来实现电路的通与断；无触头电器没有触头，主要利用晶体管的导通与截止来实现电路的通与断。有触头的电器过载能力强，但寿命有一定限制；无触头的电器开关速度快，但容易被击穿。

4）按工作原理分类

低压电器按其工作原理可分为电磁式电器和非电量控制电器两大类，在实际应用中，电磁式电器应用较为广泛。电磁式电器由感受部分和执行部分组成。它由电磁机构控制电器动作，即由感受部分接受外界输入信号，使执行部分动作，实现控制目的。非电量控制电器是非电磁力控制电器触头的动作。

3. 低压电器的结构

低压电器一般有两个基本部分，即感受部分和执行部分。感受部分感受外界信号，并做出反应。自动电器的感受部分大多由电磁机构组成；手动电器的感受部分通常为电器的操作手柄。执行部分根据控制指令，执行接通或断开电路的任务，电磁式低压电器的执行部分主要为触头系统。下面简单介绍电磁式低压电器的电磁机构和触头系统。

1）电磁机构

电磁机构是将电磁能转换为机械能并带动触头动作的机构，一般由线圈、铁芯及衔铁等部分组成，如图 2-3 所示。按电磁机构通过线圈的电流种类分为交流电磁机构和直流电磁机构；按电磁机构的形状分为 E 形电磁机构和 U 形电磁机构两种；按衔铁的运动形式分为拍合式电磁机构和直动式电磁机构两大类。当线圈中有工作电流通过时，通电线圈产生磁场，于是电磁吸力克服弹簧的反作用力使衔铁与铁芯闭合，并由连接机构带动相应的触头动作。

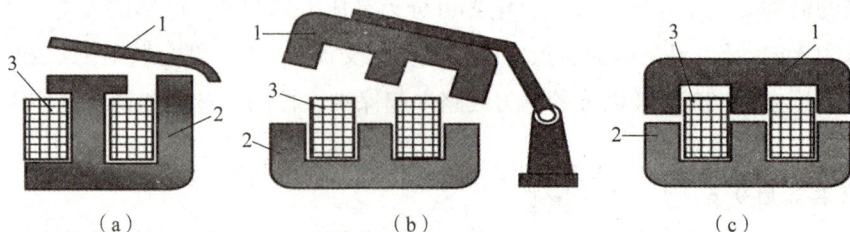

图 2 - 3　常用的电磁机构

1—衔铁；2—铁芯；3—线圈

【思政点】安全、能耗、质量意识：交流电磁机构中的铁芯采用硅钢片叠制而成，这将使铁芯的生产成本上升。但因交流电使铁芯产生涡流和损耗，所以必须采用硅钢片结构。同学们在电路设计中，也应全面考虑能耗、安全等因素，衡量效果，设计出令客户满意的电路图。

常用低压电器的工作原理

交流电磁机构和直流电磁机构的铁芯有所不同。直流电磁机构的铁芯为整体结构，以增加磁导率和增强散热；交流电磁机构的铁芯采用硅钢片叠制而成，目的是减少铁芯中产生的涡流和损耗。此外交流电磁机构的铁芯有短路环，以防止电流过零时电磁吸力不足使衔铁振动。

请查阅资料回答短路环的作用是什么？

_____

线圈是电磁机构的心脏，按接入线圈电源种类的不同可分为直流线圈和交流线圈。根据励磁的需要，线圈可分为串联和并联两种，前者称为电流线圈，后者称为电压线圈。从结构上看，线圈可分为有骨架和无骨架两种。交流电磁机构多为有骨架结构，主要用来散发铁芯中的磁滞和涡流损耗产生的热量；直流电磁机构的线圈多为无骨架结构。

☞ 电压线圈需并联在电路中，因此它的绕组应设计成什么形式？

_____

电磁机构的工作原理为：当线圈中有工作电流通过时，通电线圈产生磁场，于是电磁吸力克服弹簧的反作用力使衔铁与铁芯闭合，由连接结构带动相应的触头动作。

2）触头系统

触头亦称为触点，是电磁式电器的执行部分，用来接通或断开电路。因此，要求触头导电、导热性能好，通常用铜、银、镍及其合金材料制成，有时也在铜触头表面电镀锡、银或镍。对于一些特殊用途的电器如微型继电器和小容量的电器，触头采用银质材料制成。

触头分类形式有三种，按其接触形式分为点接触、线接触和面接触，如图 2 - 4 所示；按照控制的电路分为主触头和辅助触头；按原始状态分为常开触头（动合触头）和常闭触头（动断触头）。其中主触头用于接通或断开主电路，允许通过较大的电流；辅助触头用于接通或断开控制电路，只允许通过较小的电流。

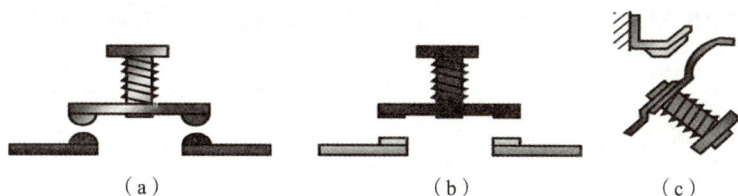

图 2-4　常见的触头结构

(a) 点接触；(b) 面接触；(c) 线接触

👉　根据触头形式不同，讨论哪种触头结构应用最为广泛？

触头的工作原理为：通电时，常开触头闭合，常闭触头断开；失电时，常开触头恢复常开，常闭触头恢复常闭。

电磁式低压电器工作原理口诀速记：电生磁，磁生力，常开闭，常闭开。

二、按钮、接触器、刀开关、熔断器的基础知识

1. 按钮

按钮是一种用于短时接通和断开小电流电路的手动电器，它只能短时接通或分断 5 A 以下的小电流电路。由于其电流较小，故不能直接操纵主电路的通断，而是在控制电路中发出"指令"去控制其他电器（如接触器、继电器），再由它们去控制主电路。它亦可用于电器联锁等线路中。

LA19-11 型按钮的外形、结构和图形符号如图 2-5 所示，主要由按钮帽、复位弹簧、常开触点、常闭触点、接线柱和外壳等组成。

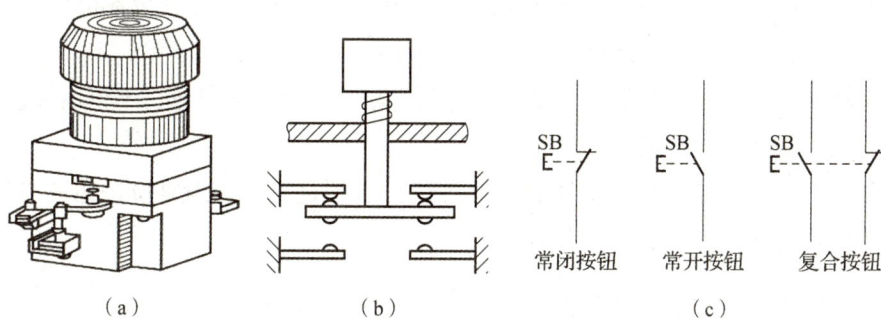

图 2-5　LA19-11 型按钮外形、结构和图形符号

由于按钮的触点结构、数量和用途不同，故按钮又可分为停止按钮、起动按钮和复合按钮（既有常开触点，又有常闭触点）。图 2-5（a）所示按钮即为复合按钮，市场上常见的按钮均为复合按钮。在按下按钮帽令其动作时，首先断开常闭触点，通过一定行程后才接通常开触点；松开按钮帽时，复位弹簧先将常开触点分断，通过一定行程后常闭触点才闭合。

其工作原理口诀速记：按下时，常开闭，常闭开；松开时，常开开，常闭闭。

从微观的角度探讨一下，按钮按下时，常开常闭触头动作有先后顺序吗？松开时呢？

常见的按钮有 LA2、LA18、LA19、LA20 等系列，其型号含义如图 2-6 所示。

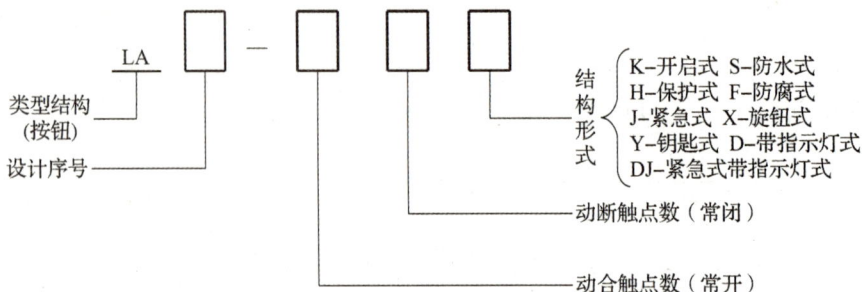

图 2-6 按钮的常用型号含义

控制按钮的主要技术参数有规格、结构形式、触点对数和按钮颜色等，选择使用时应按使用场合、所需触点数及按钮帽的颜色等因素考虑。控制按钮的选用原则如下：

（1）根据使用场合选择控制按钮的种类，如开启式、防水式、防腐式。

（2）根据用途选择控制按钮的结构形式，如钥匙式、紧急式、带灯式。

（3）根据控制回路的需求确定按钮数，如单钮、双钮、三钮、多钮。

（4）根据工作状态指示和工作情况的要求选择按钮及指示灯的颜色。一般红色代表停止，绿色代表起动，黄色代表干预。

为标明按钮的作用，避免误操作，通常将按钮帽做成红、绿、黑、黄、蓝、白、灰等色。国标 GB 5226.1—2019 对按钮颜色作了如下规定：

① "停止"和"急停"按钮必须是红色。当按下红色按钮时，必须使设备断电，停止工作。

② "起动"按钮的颜色是绿色。

③ "起动"与"停止"交替动作的按钮必须是黑色、白色或灰色，不得用红色和绿色。

④ "点动"按钮必须是黑色。

⑤ "复位"按钮（如保护继电器的复位按钮）必须是蓝色。当复位按钮还有停止的作用时，则必须是红色。

2. 接触器

接触器是一种用来频繁接通和断开交、直流主电路及大容量控制电路的自动切换电器。它具有低压释放保护功能，可以频繁操作，实现远距离控制，是电力拖动自动控制线路中使用最广泛的电器元件。它因不具备短路保护作用，常与熔断器、热继电器等保护电器配合使用。接触器通常按电流种类分为交流接触器和直流接触器两类。下面主要介绍交流接触器的基础知识，其实物图如图 2-7 所示。

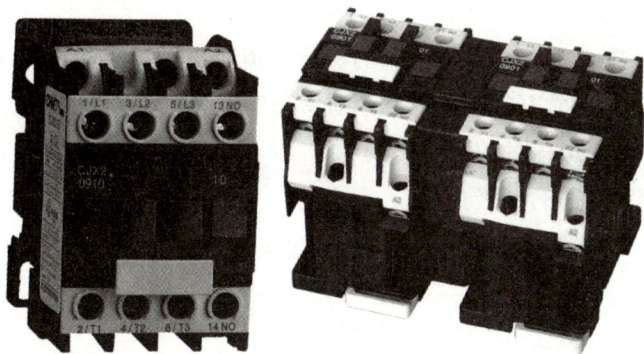

图 2-7 交流接触器实物图

【思政点】学无止境的学习态度：接触器能远距离、频繁操作，可由控制电路控制主电路，不管是传统继电器系统，还是现代电气控制系统，都无法被取代，应用十分广泛，同学们在学习阶段应不断学习，将专业所涉及的知识技能点学懂弄通，为今后的选择备一条路，也将自己培养成复合型高素质技术技能人才。

1）交流接触器的结构

交流接触器的主要组成部分是电磁系统、触点系统和灭弧装置，其外形和结构及图形和文字符号如图 2-8 和图 2-9 所示。

交流接触器的
基础知识

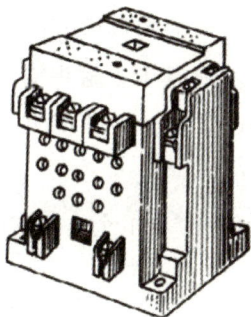

（a）

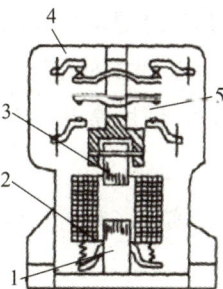

（b）

交流接触器

图 2-8 交流接触器外形和结构图

（a）外形；（b）结构示意图

1—静铁芯；2—线圈；3—动铁芯；4—常闭触头；5—常开触头

交流接触器有两种工作状态：得电状态（动作状态）和失电状态（释放状态）。接触器主触点的动触点装在与衔铁相连的绝缘连杆上，其静触点则固定在壳体上。在线圈得电后，线圈产生磁场，使静铁芯产生电磁吸力，将衔铁吸合。衔铁带动动触点动作，使常闭触点断开，常开触点闭合，分断或接通相关电路。当线圈失电时，电磁吸力消失，衔铁在反作用弹簧的作用下释放，各触点随之复位。

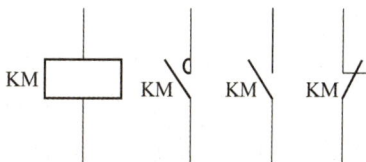

图 2-9 接触器的文字符号
和图形符号

交流接触器工作原理口诀速记：线圈得电时，常开闭，常闭开；线圈失电时，常开开，

常闭闭。

交流接触器有三对常开的主触点，它的额定电流较大，用来控制大电流主电路的通断；常见的接触器还配有三对常开辅助触点和两对常闭辅助触点，它们的额定电流较小，一般为 5 A，用来接通或分断小电流的控制电路。

2）交流接触器的型号含义及选用

常用的交流接触器有 CJ20、CJ40 系列，交流接触器的常用型号含义如图 2-10 所示。

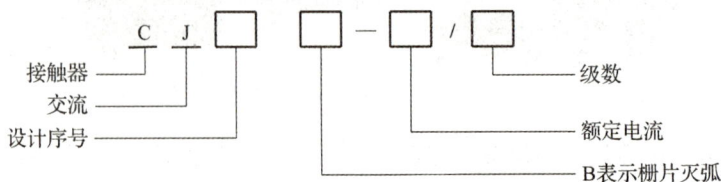

图 2-10　交流接触器的常用型号含义

接触器的触点数量与种类应满足主电路和控制线路的要求，选用时应注意以下几点：

（1）接触器主触头的额定电压大于等于负载额定电压。

（2）接触器主触头的额定电流大于等于 1.3 倍负载额定电流。

（3）接触器线圈额定电压。当线路简单、使用电器较少时，可选用 220 V 或 380 V；当线路复杂、使用电器较多或在不太安全的场所时，可选用 36 V。

【接线技能点】交流接触器是电气控制中不可或缺的低压电器，常见的交流接触器有三对主触头、3 对辅助常开触头和 2 对辅助常闭触头，其中主触头输入端标号为 L1、L2、L3，输出端标号为 T1、T2、T3；辅助常开触头用 NO 表示，辅助常闭触头用 NC 表示，A_1、A_2 表示线圈。

👉 通过观察交流接触器实物，请分析线圈为何 A1 有 1 个、A2 有 2 个，该怎么接线呢？

---

3. 刀开关

刀开关是一种结构最简单且应用最广泛的手控低压电器，主要类型有负荷开关（如胶盖刀开关和铁壳开关）和板形刀开关。这里主要对胶盖刀开关（简称刀开关）进行介绍。刀开关又称开启式负荷开关，广泛用于照明电路和小容量（5.5 kW）、不频繁起动动力电路的控制电路中。

刀开关的主要结构如图 2-11 所示。

安装刀开关时，瓷底应与地面垂直，手柄朝上，易于灭弧，不得倒装或平装。倒装时手柄可能因重落下而引起误合闸，危及人身和设备安全。接线时应遵循上进下出的原则，确保接线安全。

刀开关的型号含义如图 2-12 所示。

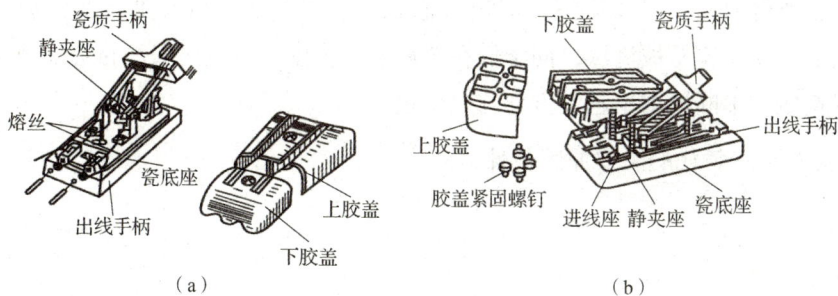

图 2 - 11 刀开关的主要结构

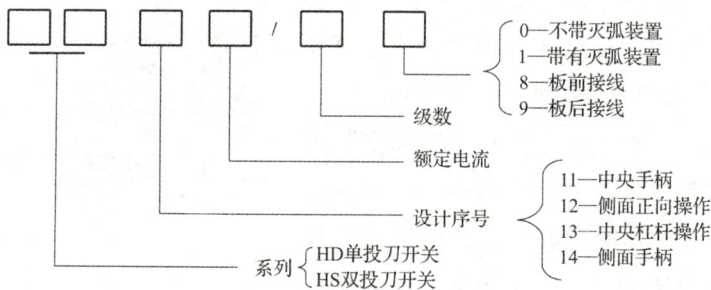

图 2 - 12 刀开关的型号含义

刀开关的文字和图形符号如图 2 - 13 所示。

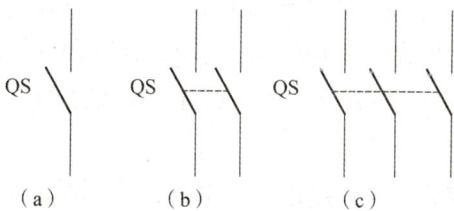

图 2 - 13 刀开关的文字和图形符号

（a）单极；（b）双极；（c）三极

刀开关的主要技术参数有额定电流、额定电压、级数和控制容量等。

刀开关一般根据其控制回路的电压、电流来选择，刀开关的额定电压应大于或等于控制回路的工作电压。正常情况下，刀开关一般能接通和分断其额定电流，因此，对于普通负载可根据负载的额定电流来选择刀开关的额定电流。对于用刀开关控制电动机时，考虑其起动电流可达 4~7 倍的额定电流，故刀开关的额定电流宜选为电动机额定电流的 3 倍左右。

在选择胶盖瓷底刀开关时，应注意是三极的还是两极的。

刀开关工作原理口诀速记：合闸时，电路导通；下闸时，电路断开。

刀开关安装时要注意两点：一是刀开关接线时应上进下出，即进线从上面接入，出线从下面接出；二是刀开关安装时，应正着安装，不能倒装或平装，以防止误合闸。

【思政点】不断追求卓越的工匠精神：刀开关具有结构简单、价格便宜、维修方便等特点，在 20 世纪 80—90 年代应用十分广泛。但随着大型家电的普及，使得家庭用电负载不断增大，以及人们对安全用电意识的增强，刀开关逐步被具有更多保护功能、更安全的低压断路器所代替，使得刀开关的身影逐步淡出人们视线。当今社会科技更新换代速度快，不安全、不适应的产品很容易被淘汰，同学们在今后的工作中，应时时关注行业发展动态，不断与前沿技术接轨，不断追求卓越，方能与时俱进。

☞ 刀开关被逐步替代的主要原因是什么？

4. 熔断器

熔断器是一种最简单有效的保护电器。在使用时，熔断器串接在所保护的电路中，作为电路及用电设备的短路和严重过载保护装置，主要起短路保护作用。熔断器的外形如图 2 - 14 所示。

熔断器主要由熔体（又称保险丝）和安装熔体的熔座两部分组成。熔体由易熔金属材料铅、锡、锌、银、铜及其合金制成，通常做成丝状或片状。熔座是装熔体的外壳，由陶瓷、绝缘钢纸

图 2 - 14 熔断器的外形

熔断器

或玻璃纤维制成，在熔体熔断时兼有灭弧作用。当电路发生短路或过电流时，通过熔体的电流使其发热，当温度达到熔体金属熔化温度时熔体就会自行熔断，其间伴随着引弧和灭弧过程，随之切断故障电路，起到保护作用。当电路正常工作时，熔体在额定电流下不应熔断，所以其最小熔化电流必须大于额定电流。填料目前广泛应用的是石英砂，它既是灭弧介质，又能起到帮助熔体散热的作用。

熔断器工作原理口诀速记：当电路正常工作时，串接的熔断器相当于一根导线；当电路发生短路等过电流故障时，自动断开电路，从而达到保护电路的作用。

熔断器主要包括插入式、螺旋式和管式等几种形式，使用时应根据线路要求、使用场合和安装条件选择。熔断器的主要技术参数有额定电压、额定电流、熔体额定电流和额定分断能力等。其型号含义如图 2 - 15 所示。

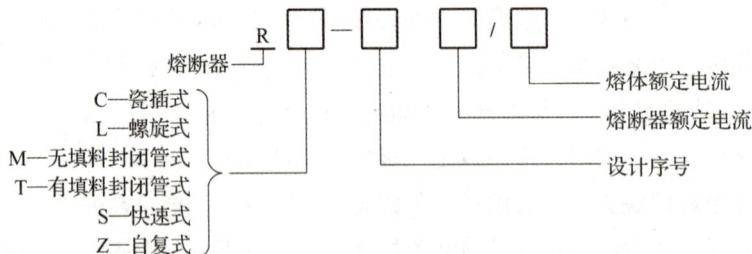

图 2 - 15 熔断器的型号含义

【思政点】甘于奉献的精神：熔断器是电气控制系统中故障保护的第一道防线，当电路发生短路、过流等故障时，首先熔断熔断器从而达到保护电路的目的。"清澈的爱，只为中国"，相信同学们都听过这句话，这是戍边烈士陈祥榕对祖国的深情告白。中国正是有千千

万万甘于奉献，为祖国发展洒汗水，为国家安全抛热血的勇士，才有如今强大繁荣的中国，作为祖国发展中坚力量的大学生，更应养成甘于奉献的美好品质，为祖国发展贡献力量。

熔断器的文字符号用 FU 表示，图形符号如图 2 – 16 所示。

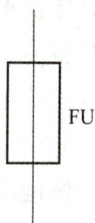

图 2 – 16　熔断器的图形符号

熔断器的选用应遵循以下原则：

（1）电阻性负载或照明电路：这类负载的起动过程很短，运行电流较平稳，一般按负载额定电流的 1 ~ 1.1 倍选用熔体的额定电流，进而选定熔断器的额定电流。

（2）电动机等感性负载：这类负载的起动电流为额定电流的 4 ~ 7 倍，一般选择熔体的额定电流为电动机额定电流的 1.5 ~ 2.5 倍。

对于多台电动机，要求：

$$I_{FU} \geqslant (1.5 ~ 2.5)I_{NMAX} + \sum I_N$$

式中：I_{FU}——熔体额定电流（A）；

　　　I_{NMAX}——最大一台电动机的额定电流（A）。

（3）为防止发生越级熔断，供电干线和支线熔断器间应有良好的协调配合，为此应使供电干线熔断器比供电支线大 1 ~ 2 个级差。

【思政点】用电安全：熔断器可保护电路的短路故障，而短路、过载等故障容易引起电气火灾。通过调查，近几年电气故障造成的火灾位居火灾因素的榜首。同学们要牢记电的危害，深化安全用电意识，养成安全用电的好习惯。

☞　熔断器中流过的电流和熔断时间之间的关系如何？

请将本任务所学低压电器的相关知识点填入表 2 – 2 中。

表 2 – 2　低压电器相关知识点

序号	名称	定义	文字符号	图形符号	工作原理

三、电气原理图的基础知识

1. 电气控制系统图

电气控制线路是由许多电气元器件按具体要求而组成的一个系统。为了表达生产机械电气控制系统的原理、结构等设计意图，同时也为了方便电气元器件的安装、调整、使用和维修，必须将电气控制系统中各电气元器件的连接用一定的图形符号和文字符号表示出来，这种图就是电气控制系统图。

由于电气控制图描述的对象复杂，应用领域广泛，表达形式多种多样，因此表示一项电气工程或一种电气装置的电气图有多种，它们以不同的表达方式反映工程问题的不同方面，但又有一定的对应关系。电气控制系统图包括电气原理图、电气安装接线图、电器布置图、系统图和框图等。

1）电气系统图和框图

电气系统图和框图是用符号或带注释的框来概略表示系统的组成、各组成部分的相互关系及其主要特征的图样，它比较集中地反映了所描述工程对象的规模。

2）电气原理图

电气原理图是为了便于阅读与分析控制线路，根据简单、清晰的原则，采用电气元件展开的形式绘制而成的图样。它包括所有电气元件的导电部件和接线端点，但并不按照电气元件的实际布置位置来绘制，也不反映电气元件的大小。其作用是便于详细了解工作原理，指导系统或设备的安装、调试与维修。电气原理图是电气控制图中最重要的种类之一，也是识图的重点和难点。电气原理图由电源电路、主电路和辅助电路组成，其中辅助电路包含控制电路、指示电路、照明电路和信号电路等。C620 型普通车床电气原理图如图 2 - 17 所示。

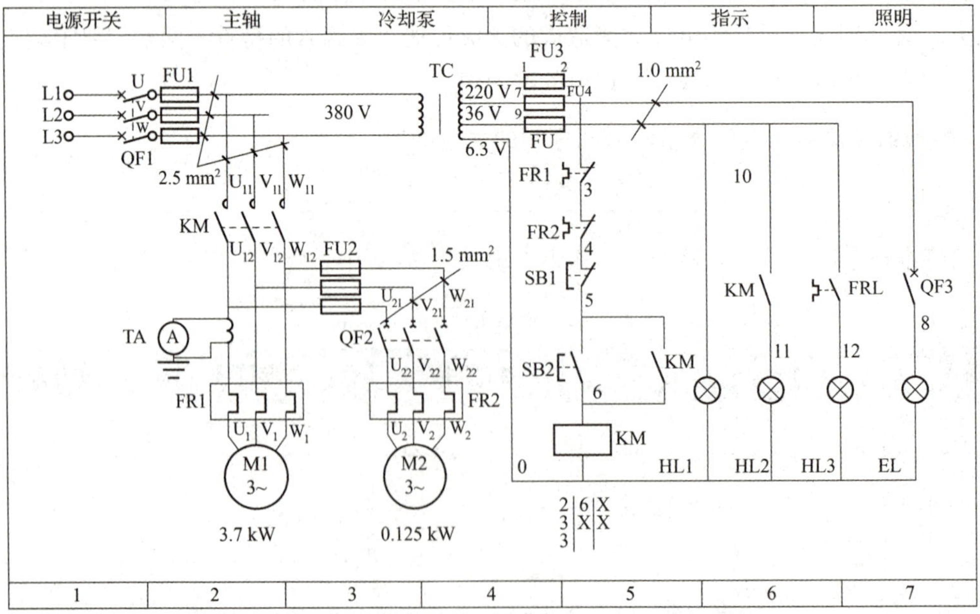

图 2 - 17　C620 普通车床的电气原理图

👉 电气原理图中的低压电气元件是按实际位置绘制出来的吗？

3）电器布置图

电器布置图主要用来表明电气设备上所有电气元件的实际位置，为生产机械电气控制设备的制造、安装提供了必要的材料。通常电器布置图与电器安装接线图组合在一起，既起到电器安装接线图的作用，又能清晰表示出电器的布置情况。某控制柜的电器布置图如图 2 – 18 所示。

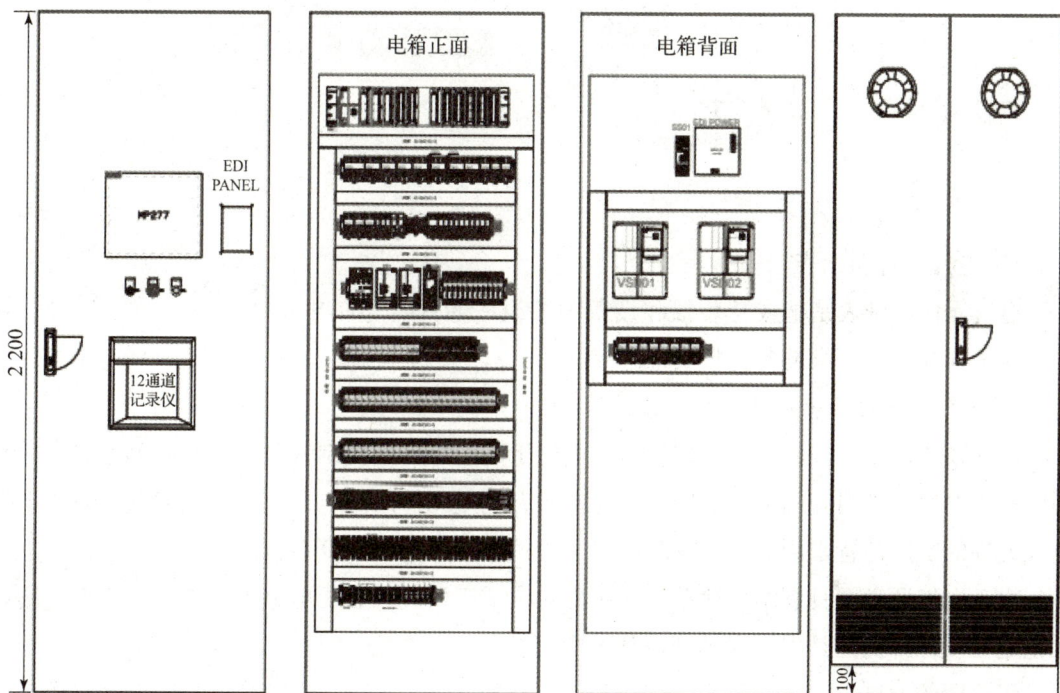

图 2 – 18　控制柜的电器布置图

4）电器安装接线图

电器安装接线图是为安装电气设备和电气元件进行配线或检修电器故障服务的。它是用规定的图形符号按各电气元件相对位置绘制的实际接线图，清楚地表示了各电气元件的相对位置和它们之间的电路连接，所以安装接线图不仅要把同一电器的各个部件画在一起，而且各个部件的布置要尽可能符合这个电器的实际情况。另外，不但要画出控制柜内部之间的电器连接，还要画出控制柜外电器的连接。某控制柜的安装接线图如图 2 – 19 所示。

5）功能图

功能图的作用是提供绘制电气原理图或其他有关图样的依据，它是表示理论或理想的电路关系而不涉及实际方法的一种图。

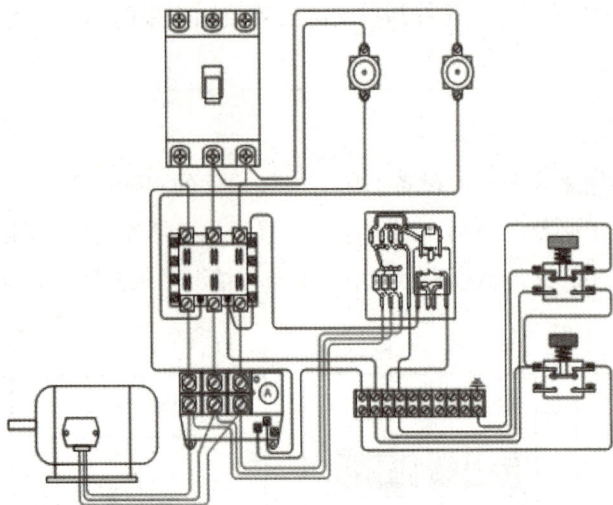

图 2 – 19　控制柜的安装接线图

6）电气元件明细表

电气元件明细表是把成套装置和设备中各组成元件（包括电动机）的名称、型号、规格、数量列成表格，供准备材料及维修使用。

2. 电气原理图的识别与绘制

电气系统图中电气原理图应用最多，为便于阅读与分析控制线路，根据简单、清晰的原则，采用电气元件展开的形式绘制。它包括所有电气元件的导电部件和接线端点，但并不按电气元件的实际位置来画，也不反映电气元件的形状、大小和安装方式。

由于电气原理图具有结构简单、层次分明、适于研究和分析电路工作原理等优点，所以无论是在设计部门还是生产现场都得到了广泛应用。

识读图的原则是"先机后电、先主后辅，化整为零，集零为整"，读图的步骤和注意事项如下：

（1）电气原理图主要分为主电路和辅助电路两部分。电动机的通路为主电路，接触器吸引线圈的通路为控制电路，此外还有信号电路和照明电路等。

（2）原理图中各电气元件不画实际的外形图，而采用国家规定的统一标准，其文字符号也要符合国家标准。

【思政点】创新理念：在生产中常应用的标准有国际标准、国家标准、行业标准、企业标准，国家标准严于国际标准，企业标准严于国家标准。目前，国际标准的制定竞争激烈，制定标准所需的技术在世界上处于顶尖水平，且具有一定的创新性和权威性。同学们在今后的工作中，应秉承创新理念，不断与前沿技术接轨，不断提高自身技术技能水平。

（3）在电气原理图中，同一电器的不同部件常常不画在一起，而是画在电路的不同地方。同一电器的不同部件都用相同的文字符号标明。例如，接触器的主触点通常画在主电路中，而吸引线圈和辅助触点则画在控制电路中，但它们都用 KM 表示。

（4）同一种电器一般用相同的文字符号表示，但在文字符号的后面加上数字或其他字母以示区别。例如两个接触器分别用 KM1、KM2 表示，或用 KMF、KMR 表示。

（5）全部触点都按常态给出。对接触器和各种继电器，常态是指未通电时的状态；对按钮、行程开关等，则是指未受外力作用时的状态。

（6）原理图中，无论是主电路还是辅助电路，各电气元件一般按动作顺序从上到下、从左到右依次排列，可水平布置或垂直布置。

（7）原理图中，有直接联系的交叉导线连接点要用黑圆点表示，无直接联系的交叉导线连接点不画黑圆点，直接交叉穿过。

（8）图面区域的划分。图纸下方的 1、2、3 等数字是图区编号，它们是为了便于检索电气线路、方便阅读分析、避免遗漏而设置的。图区编号也可以设置在图的下方。图纸上方的"电源开关""主轴"等字样表明对应区域下方元件或电路等的功能，使读者能清楚地知道某个元件或某部分电路的功能，以便于理解全电路的工作原理。

（9）符号位置的索引。符号位置的索引采用图号、页次和图区编号的组合索引法。电气原理图中，接触器和继电器线圈与触点的从属关系应用附图表示，即在原理图中相应线圈的下方给出触点的图形符号，并在其下面注明相应触点的索引代号，对未使用的触点用"×"表明，有时也可采用省去触点的表示法。

接触器和继电器附图各栏的含义分别见表 2-3 和表 2-4。

表 2-3　接触器附图各栏的含义

左栏	中栏	右栏
主触头所在图区号	辅助常开触头所在图区号	辅助常闭触头所在图区号

表 2-4　继电器附图各栏的含义

左栏	右栏
常开触头所在图区号	常闭触头所在图区号

【思政点】一丝不苟、注重细节的工匠精神：电气原理图是项目安装和调试的依据，在设计绘制时不仅要将原理绘制出来，还有将型号、参数、数量等信息一一标注出来，每一个细节均应认真细致。因此，同学们在设计中要秉承一丝不苟、注重细节的工匠精神，确保设计的质量和安全。

四、三相异步电动机单向起停控制

1. 三相异步电动机单向点动控制

电路由主电路和控制电路组成，是用按钮、接触器来控制电动机运转的，是最简单的正转控制电路，原理如图 2-20 所示。其分析原理过程如下：

（1）合上电源开关 QS，电路得电。

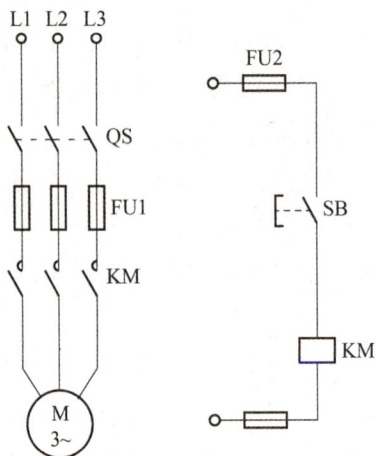

图 2 - 20　三相异步电动机单向点动控制

（2）起动：按下 SB 按钮→KM 线圈得电→KM 主触头闭合→电动机正转起动运转。

（3）停止：松开 SB 按钮→KM 线圈失电→KM 主触头分断→电动机失电停转。

（4）停止使用时，断开电源开关 QS。

👉　想一想，在控制电路中，电源引自哪里呢？

2. 三相异步电动机单向长动控制

在机床设备或自动控制设备正常运行时，一般要求电动机均处于连续运行状态，因此，应将线圈得电的状态锁住方能实现长动。电动机长动控制电路图如图 2 - 21 所示，电路相较于点动控制电路多了一个常闭按钮和接触器的常开触头。将接触器的常开触头并联在起动按钮旁，便可实现自锁控制。该电路为经典的"起保停"电路，分析原理过程如下：

三相异步电动机的
长动控制

（1）合上电源开关 QS，电路得电。

（2）起动：按下 SB2 按钮→KM 线圈得电→KM 常开触头闭合、主触头闭合→电动机正转起动运转→松开 SB2 按钮→电源经过闭合的常开触头给线圈供电，电动机继续运转。

（3）停止：按下 SB1 按钮→KM 线圈失电→KM 自锁触头、主触头分断→电动机失电停转。

（4）停止使用时，断开电源开关 QS。

【任务实施1】 三相异步电动机单向点动的控制与实现

本任务要求学生能识读电气原理图，并能分析其控制原理和设计方法；要求学生坚持 CDIO（构思→设计→实现→运作）理念为指导，根据电气原理图完成三相异步电动机单向点动的接线和调试。

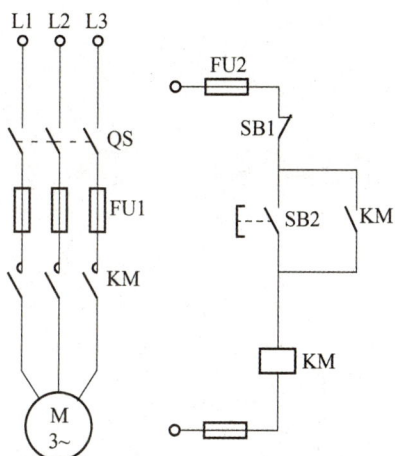

图 2 - 21　三相异步电动机单向长动控制

电动机
长动控制

一、任务构思

三相异步电动机点动控制在很多场所均有应用，比如机床刀具的对刀、电动葫芦的控制等。那要实现点动控制的原理图是怎样设计和实现的呢？

👉　想一想，完成实训需要使用哪些工具呢？

二、任务设计

1. 所需材料清单（见表 2 - 5）

表 2 - 5　材料清单

类型	名称	数量	功能	备注
设备	三相异步电动机	1	控制对象	
	刀开关	1	接通断开电路	
	熔断器	5	短路保护	
	按钮	1	启停按钮	
	交流接触器	1	自动控制	
材料	导线	若干	连接电路	

2. 仿真设计

请在如图 2 - 22 所示图框中完成电路的设计过程，并利用 CAD 电气制图模拟软件完成电路的仿真和分析。

6						
5						
4						
3						
2						
1						
序号	符号	名称	型号	数量	单位	备注

材料明细表

职务	签名	子项名称	
负责人		三相异步电动机单向起停控制原理图设计	
审定		图名	
审核		三相异步电动机单向点动控制原理图	
校核		比例	图号	2021-2-1
设计		专业	机电、电气	
制图		设计年份	2022年	学校

图 2－22 三相异步电动机单向点动控制原理图

三、任务实现

1. 操作工单（见表 2－6）

表 2－6 操作工单

学生姓名		班级		成绩	
任务描述	完成三相异步电动机单向点动的控制与实现				
任务目标	1. 能分析三相异步电动机点动控制的原理； 2. 能正确选择元器件，并完成其接线； 3. 能根据电气原理图完成三相异步电动机单向点动的调试与实现				
设备工具	三相异步电动机；刀开关、熔断器、按钮、交流接触器；连接线、万用表、螺丝刀等				
信息获取	1. 获取交流接触器信息 型号：＿＿＿＿＿＿＿＿＿＿ 接线端子：＿＿＿＿＿＿＿＿ 2. 获取熔断器信息 型号：＿＿＿＿＿＿＿＿＿＿ 接线方法：＿＿＿＿＿＿＿＿				

学生姓名		班级		成绩	
操作流程	1. 准备工作				
	（1）	设备选择	操作要点和注意事项		
	（2）	材料准备			
	（3）	设备检查			
	2. 三相异步电动机单向点动的接线和调试				
	（1）	引进电源，完成电源接线			
	（2）	完成刀开关、熔断器、交流接触器、按钮、电动机等电器设备的接线连接			
	（3）	组内自检、小组互检、教师终检，确定线路的正确性			
	（4）	通电调试、故障排除			
	（5）	教师给予实训最终成绩			
操作流程	3. 做好 6S 管理				
	（1）	拆线，整理设备、材料			
	（2）	整理好地面，保证清洁、整齐			
个人自评	知识理论	技能操作	团队协作	总分	
小组互评	知识理论	技能操作	团队协作	总分	
教师终评	技能操作	团队协作	职业素养	总分	

注：个人自评（15%）、小组互评（25%）和教师终评（50%）组成，从技能操作、团队协作、职业素养三个方面综合考虑，得出最终成绩。

【拓展知识】6S 管理是一种管理模式，是 5S 的升级。6S 即整理（SEIRI）、整顿（SEITON）、清扫（SEISO）、清洁（SEIKETSU）、素养（SHITSUKE）、安全（SECURITY），6S 和 5S 管理一样兴起于日本企业。

【思政点】安全生产，"事事"讲究，提高工作效率：在技能训练中，模拟企业实际生产要求，坚持 6S 管理理念，规范企业生产，提高生产效率，延长设备使用寿命，培养同学们较高的职业素养。

四、任务运作

三相异步电动机单向点动控制与实现分组分工见表 2-7。

表 2-7　三相异步电动机单向点动控制与实现分组分工表

组号：　　　　　　　组长：　　　　　　　组长联系方式：

成员：

序号	分工项目	负责人	备注

【思政点】团队协作精神：当今社会各类工作都很难一个人独立完成，特别是电气控制项目，往往是一个团队分工合作才能保质保量完成。本课程实训操作中，采用组长负责的小组合作制，分工协作完成电路的安装与调试。希望同学们在分工合作中能发扬团队精神，通力协作，秉承宽容、奉献、自律、勤奋和担当的精神，有效提高同学们的团队协作能力。

◢ 任务总结与评价

1. 任务完成检查

通过个人自检、小组互检、教师终检，确定本次任务是否完成到位。

2. 任务总结与反思

本任务是在掌握电动机点动控制原理和电气原理图识读的基础上，完成三相异步电动机单向点动控制的接线，是电动机控制的基础电路。本任务设备材料少，接线、调试难度小。

任务完成后需撰写实操总结报告，报告可以加深学生对知识点的掌握程度，通过撰写报告可回顾操作过程，提升操作的熟练度，提高学生的技术技能。实操报告包括项目题目、目的、要求、原理图、操作步骤、心得体会等内容，见表 2-8。

表 2 - 8　实操总结报告

班级：_____　　　　　　　　　　姓名：_____

实操项目	
实操目的	
控制要求	
工作原理图	
操作步骤	
心得体会	

3. 任务评价

　　本任务的评价指标和评价内容在项目评价体系中所占分值及小组评价和教师评价在本项目考核中的比例见表 2 - 9。任课教师对每位学生进行评价，并得出其最后实训成绩，纳入最终的考核成绩。

表 2 – 9　考核评价体系表

班级：_____　　　　　　　　　　　　　　姓名：_____

序号	评价指标	评价内容	分值	学习表现（30%）	组内自评（10%）	组间互评（25%）	教师评价（35%）
1	理论知识	是否掌握三相异步电动机的工作原理	40				
2	实操训练	能否顺利完成接线，功能是否实现，团队分工合作，互帮互助	50				
3	答辩	本任务涵盖的知识点是否都比较熟悉	10				
4	最终成绩						

【任务实施 2】三相异步电动机单向长动控制与实现

本任务要求学生能识读电气原理图，并能分析其控制原理和设计方法；要求学生坚持 CDIO（构思→设计→实现→运作）理念为指导，根据电气原理图，完成三相异步电动机单向长动的接线和调试。

一、任务构思

三相异步电动机长动控制是电动机使用最多的控制方式之一，而按钮是可复位的电器，如何实现电动机从点动到长动的控制设计和实现呢？

二、任务设计

1. 所需材料清单（见表 2 – 10）

表 2 – 10　材料清单

类型	名称	数量	功能	备注
设备	三相异步电动机	1	控制对象	
	刀开关	1	接通断开电路	
	熔断器	5	短路保护	
	按钮	2	起停按钮	
	交流接触器	1	自动控制	
材料	导线	若干	连接电路	

2. 仿真设计

请在如图 2 – 23 所示图框中完成电路的设计过程，并利用 CAD 电气制图模拟软件完成电路的仿真和分析。

6						
5						
4						
3						
2						
1						
序号	符号	名称	型号	数量	单位	备注

材料明细表

职务	签名	子项名称			
负责人		三相异步电动机单向长动控制原理图设计			
审定		图名			
审核		三相异步电动机单向长动控制原理图			
校核		比例	图号	2021-2-1	
设计		专业	机电、电气		学校
制图		设计年份	2022年		

图 2 – 23　三相异步电动机单向长动控制原理图

三、任务实现

1. 操作工单（见表 2 –11）

表 2 –11　操作工单

学生姓名		班级		成绩	
任务描述	完成三相异步电动机单向长动的接线和调试				
任务目标	1. 能分析三相异步电动机单向长动控制原理； 2. 能正确选择元器件，并完成其正确接线； 3. 完成三相异步电动机单向长动的接线和调试				
设备工具	三相异步电动机；刀开关、熔断器、按钮、交流接触器；连接线、万用表、螺丝刀等				
信息获取	1. 获取交流接触器信息 型号：_____　　　　　　接线端子：_____ 2. 获取熔断器信息 型号：_____　　　　　　接线方法：_____				

学生姓名			班级		成绩	
操作流程			1. 准备工作			
	(1)	设备选择		操作要点和注意事项		
	(2)	材料准备				
	(3)	设备检查				
			2. 三相异步电动机单向长动的接线和调试			
	(1)	引进电源，完成电源接线				
	(2)	完成刀开关、熔断器、交流接触器、按钮、电动机等电器设备的接线连接				
	(3)	组内自检、小组互检、教师终检，确定线路的正确性				
	(4)	通电调试、故障排除				
	(5)	教师给予最终成绩				
			3. 做好 6s 管理			
	(1)	拆线，整理设备、材料				
	(2)	整理好地面，保证清洁、整齐				
个人自评	技能操作		团队协作	职业素养	总分	
小组互评	技能操作		团队协作	职业素养	总分	
教师终评	技能操作		团队协作	职业素养	总分	

注：个人自评（25%）、小组互评（25%）和教师终评（50%）组成，从技能操作、团队协作、职业素养三个方面综合考虑，得出最终成绩。

【思政点】规范操作，减少故障： 在电气原理图安装过程中，应按顺序从上到下，先主后辅接线，且应选择合适线径、颜色的导线，套上号码管，压好接线端子，再连接电路，按规范操作，以减少故障发生率。

👉 完成长动控制接线，功能是否实现？若未实现，请写出问题现象和可能的原因。

四、任务运作

三相异步电动机的单向长动控制与实现分组分工见表2-12。

表2-12 三相异步电动机的单向长动控制与实现分组分工表

组号： 组长： 组长联系方式：

成员：

序号	分工项目	负责人	备注

◣ 任务总结与评价

1. 任务完成检查

通过个人自检、小组互检、教师终检，确定本次任务是否完成到位。

2. 任务总结与反思

本任务是在掌握电动机控制原理和低压电器的基础上，掌握三相异步电动机单向长动控制电气原理图的分析方法，以及根据电气原理图完成电路图的接线和调试。本任务为电动机控制基础技术，逻辑控制简单，接线和调试难度小。

任务完成后需撰写实操总结报告，报告可以加深学生对知识点的掌握程度，通过撰写报告可回顾操作过程，提升操作的熟练度，提高学生的技术技能。实操报告包括项目题目、目的、要求、原理图、操作步骤、心得体会等内容，见表2-13。

表 2 – 13 实操总结报告

班级: _____   姓名: _____

实操项目	
实操目的	
控制要求	
工作原理图	
操作步骤	
心得体会	

3. 任务评价

本任务的评价指标和评价内容在项目评价体系中所占分值及小组评价和教师评价在本项目考核中的比例见表 2 – 14。任课教师对每位学生进行评价，并得出其最后实训成绩，纳入最终的考核成绩。

表 2 – 14 考核评价体系表

班级: _____   姓名: _____

序号	评价指标	评价内容	分值	学习表现（30%）	组内自评（10%）	组间互评（25%）	教师评价（35%）
1	理论知识	是否掌握三相异步电动机的工作原理	40				
2	实操训练	能否顺利完成接线，团队分工合作，互帮互助	50				
3	答辩	本任务涵盖的知识点是否都比较熟悉	10				
4	最终成绩						

电气控制线路的制作方法

1. 分析原理图

电动机的分析原理图反映了控制线路中电气元件间的控制关系。在制作电动机电气控制线路前，必须明确电气元件的数目、种类和规格。根据控制要求，清楚各电气元件之间的控制关系及连接顺序，分析控制动作，确定检查线路的方法等。对于复杂的控制电路，清楚它由哪些控制环节组成，分析环节之间的逻辑关系，注意电气原理图中应标注线号。从电源端起各相线分开到负载端为止，应做到一线一号，不得重复。

2. 绘制安装接线图

原理图不能反映电气元件的结构、体积和实际安装位置。在具体安装、检查线路和排除故障时，只有依照接线图才行。接线图能反映元器件的实际位置和尺寸比例等。在绘制接线图时，各电气元件要按在安装底板（或电器柜）中的实际位置绘出；元件所占的面积按它的实际尺寸以同一比例绘制；同一个元件的所有部件应画在一起，并用虚线框起来；各电气元件的位置关系要根据安装底板的面积、长宽比例及连接线的顺序来决定，注意不得违反安装规程。另外还需注意以下几点：

（1）电气安装接线图中的回路标号是电气设备之间、电气元件之间、导线与导线之间的连接标记，它的文字符号和数字符号应与原理图中的标号一致。

（2）各电气元件上凡是需要接线的部件端子都应绘出，标上端子编号，并与原理图上相应的线号一致，同一根导线上连接的所有端子的编号应相同。

（3）安装底板（或控制柜内外）的电气元件之间的连线应通过接线端子板进行连接。

（4）走向相同的相邻导线可以绘成一股线。

（5）绘制好的接线图应对照原理图仔细核对，防止错画、漏画，避免给制作线路和试车过程造成麻烦。

3. 检查电气元件

为了避免电气元件自身的故障对线路造成影响，安装接线前应对所有的电气零件逐个进行检查。

（1）外观检查。外观是否完整，有无碎裂；各接线端子及紧固件是否齐全，有无生锈等现象。

（2）触点检查。触点有无熔焊、粘连、变形严重、氧化锈蚀等现象；触点的动作是否灵活；触点的开距是否符合标准；接触压力弹簧是否有效。

（3）电磁机构和传动部件检查。动作是否灵活；有无衔铁卡阻、吸合位置不正常等现象；衔铁压力弹簧是否有效等。

（4）电磁线圈检查。用万用表或电桥检查所有电磁线圈是否完好，并记录它们的直流电阻值，以备检查线路和排除故障时参考。

（5）其他功能元件的检查。主要检查时间继电器的延时动作、延时范围及整定机构的作用；检查热继电器元件和触点的动作情况。

（6）核对各元器件的规格与图纸要求是否一致。

4. 固定电气元件

按照接线图规定的位置将电气元件固定在安装底板上，元件之间的距离要适当，既要节省面板，又要便于走线和投入运行后的检修，如图 2-24 所示。

（1）定位。用尖锥在安装孔中心做好记号，元件应排列整齐，以保证连接导线做得横平竖直、整齐美观，同时应尽量减少弯折。

（2）打孔。用手钻在做好的记号处打孔，孔径应略大于固定螺钉的直径，现在定位、打孔均由专业设备完成。

（3）固定。用螺钉将电气元件固定在安装底板上。

图 2-24　控制柜接线实物图

5. 安装附件认识

电气元件在安装时，要安装附件。在电气控制柜中元器件、导线固定和安装时，常用的安装附件如下。

（1）走线槽。由锯齿形的塑料槽和盖组成，有宽、窄等多种规格，用于导线和电缆的走线，可以使柜内走线美观、整齐。

（2）扎线带和固定盘。尼龙扎线带可以把一束导线扎紧到一起，根据长短和粗细有多种型号。固定盘上有小孔，背面有黏胶，它可以粘到其他屏幕物体上，配合扎带使用。

（3）波纹管。用于控制柜中裸露出来的导线部分的缠绕，或作为外套保护导线，一般由 PVC 软质塑料制成。

（4）号码管。空白号码管由 PVC 软质塑料制成，可用专门的打号机打印上各种需要的符号或选用已经打印好的号码套在导线的接头端，用来标记导线。

（5）接线插、接线端子。接线插又称线鼻子，用来连接导线，并使导线方便、可靠地连接到端子排或接线座上，它有各种型号和规格。接线端子为两端分段的导线提供连接，接线端可以方便地连接到它上面。现在新型的接线端子技术含量很高，接线更加方便快捷，导线直接可以连接到接线端子的插孔中。

（6）安装导轨。用来安装各种有卡槽的元器件，用合金或铝材料制成。

（7）热收缩管。遇热后能够收缩的特种塑料管，用来包裹导线或导体的裸露部分，起绝缘保护作用。

6. 照图接线

接线一般从电源端开始按线号顺序接线，先接主电路，后接辅助电路。

（1）选择适当的导线截面，截取合适长度，剥去两端绝缘外皮。

（2）走线时应尽量避免交叉。同一平面的导线应高低一致或前后一致，不能交叉。当必须交叉时，可水平架空跨越，但必须走线合理。走线通道尽可能少，按主、控电路分类集中，单层平行密排或成束，应紧贴敷设面，走线应做到横平竖直、拐直角弯。

（3）导线与接线端子或现桩连接时，应不压绝缘圈、不反圈、露铜不大于 1 mm，并做到同一元件、同一回路不同接点的导线间距离保持一致。

（4）将成型的导线套上写好的线号管，根据接线端子的情况将芯线煨成圆环或直接压进接线端子。

（5）一个电气元件接线端子上的连接导线不得超过两根，每节接线端子板上的连接导线一般只允许连接一根。

【"1＋X"证书】考点：一个接线端子最多只能接 2 根线。

（6）布线时，严禁损伤线芯和导线绝缘层。

（7）为了便于识别，导线应有相应的颜色标志。

①保护导线（PE）必须采用黄、绿双色，中性线（N）必须是浅蓝色。

②交流或直流动力电路采用黑色，交流控制电路采用红色，直流控制电路采用蓝色。

③用作控制电路联锁的导线，如果是与外围控制电路连接，而且当电源开关断开仍带电时，应采用橘黄色，与保护导线连接的电路采用白色。

【职业技能大赛现代电气控制系统安装与调试赛项】技能点：接线时注意各电路的线径与颜色，三相主电路应用红、绿、黄三种颜色电线；控制线路根据线路电源性质决定，交流采用红色，直流采用蓝色；零线或 GND 用蓝色电线。

7. 检查线路和试车

（1）检查线路。制作好的控制线路必须经过认真检查后才能通电试车，以防止错接、漏接及电器故障引起线路动作不正常，甚至造成短路事故。检查时先核对接线，然后检查端子接线是否牢固，最后用万用表导通法来检查线路的动作情况及可靠性。

（2）试车与调整。

①试车前的准备。清点工具；清除线头杂物；装好接触器的电弧罩；检查各组熔断器的

熔体；分断各开关，使按钮、行程开关处于未操作状态；检查三相电源的对称性等。

②空操作试验。先切断主电路（断开主电路熔断器），装好辅助电路熔断器，接通三相电源，使线路不带负载通电操作，以检查辅助电路工作是否正常。操作各按钮，检查它们对接触器、继电器的控制作用；检查接触器的自保、连锁等控制作用；用绝缘棒操作行程开关，检查它的行程控制或限位控制作用；检查线圈有无过热现象等。

③带负荷试车。空操作试验动作无误后，即可切断电源，接通主电路，然后再通电，带负荷试车。起动后要注意它的运行情况，如发现过热等异常现象，应立即停车，切断电源后进行检查。

④其他调试。如定时运转线路的运行和间隔时间、Y-△起动线路的转换时间、反接制动线路的终止速度等，应按照各线路的具体情况确定调试步骤。

8. 整理清洁

完成调试工作后，应整理设备、工具、材料，打扫卫生，保持实验场所的干净整洁。

【职业技能大赛现代电气控制系统安装与调试赛项】得分点： 现代电气控制系统安装与调试赛项中有一项职业道德和安全意识纳入评分栏中，其中的操作规范和清洁清扫占到竞赛分数的1/10，这也从侧面反映出来规范操作和整理清洁的重要性。

课后习题

一、填空题

1. 低压电器是用于交流 50 Hz，额定电压在_____或直流额定电压在_____的电力线路中起保护、控制、转换和调节等作用的电气元件。

2. 低压电器按动作性质可分为_____和_____。

3. 低压电器按工作原理可分为_____和_____。

4. 低压电器是由_____和_____两部分组成的。

5. 低压电器的电磁机构由_____、_____和_____三个结构组成。

6. 交流电磁机构中铁芯是_____结构，采用该结构的作用是_____。

7. 电磁机构中的电流线圈是_____，在电路中，其特点是_____。

8. 电磁机构中短路环的作用为_____。

9. 触头系统按接触形式可分为_____、_____和_____三种。

10. 常开触头在原始状态是_____的，通电后会_____。

11. 按钮的文字符号是_____，定义为_____。

12. 接触器按励磁方式可分为_____和_____两种。

13. 刀开关的文字符号为_____，根据极数刀开关可分为_____、_____和_____三种。

14. 刀开关配合_____，实现了对线路简单的短路保护。

15. 熔断器的文字符号为_____，其在电路中_____作用。

16. 熔断器由_____和_____两部分组成。

17. 熔断器应_____联在电路中，其工作原理为_____。

18. 填料式熔断器内部填的是_____，填料的目的是_____。

19. 根据熔断器的安秒特性可知，通过熔断器的电流越大，则熔断器融化的时间越_____。

20. 电气原理图包括_____、_____和_____三个部分。

21. 在实际接线中，_____的电气元件应安装在电气安装板的下方。

22. 起保停电路就是可实现_____、_____和_____三个作用的电路。

23. 电动机长动控制电路具有_____、_____和_____等保护作用。

二、选择题

1. 按钮属于（   ）的低压电器。

A. 自动　　　　　　　B. 半自动　　　　　　C. 手动　　　　　　D. 半手动

2. 刀开关属于（　　　）的低压电器。

A. 自动　　　　　　　B. 半自动　　　　　　C. 手动　　　　　　D. 半手动

3. 以下低压电器属于保护电器的是（　　　）。

A. 熔断器　　　　　　　　　　　　　　　　B. 按钮

C. 刀开关　　　　　　　　　　　　　　　　D. 速度继电器

4. 直流电磁机构中铁芯是（　　　）。

A. 硅钢片叠压而成　　　　　　　　　　　　B. 整块铸铁

C. 碎片组成　　　　　　　　　　　　　　　D. 根据实际情况确定

5. 根据国家标准，起动按钮的颜色为（　　　）。

A. 红色　　　　　　　B. 绿色　　　　　　C. 黄色　　　　　　D. 灰色

6. 交流接触器的文字符号为（　　　）。

A. SB　　　　　　　B. SA　　　　　　C. KM　　　　　　D. KA

7. 交流接触器的额定电压由（　　　）的电压决定。

A. 线圈　　　　　　　B. 主触头　　　　　　C. 常开触头　　　　　　D. 辅助触头

8. 刀开关是（　　　）接线的。

A. 上进下出　　　　　B. 下进上出　　　　　C. 左进右出　　　　　D. 右进左出

9. 熔断器是（　　　）在电路中的。

A. 并联　　　　　　　B. 串联　　　　　　C. 独立　　　　　　D. 联合

10. 在熔断器的选型过程中，熔体的电流要（　　　）熔断器的电流。

A. 大于　　　　　　　B. 大于等于　　　　　C. 等于　　　　　　D. 小于等于

11. 熔断器的文字符号为（　　　）。

A. FR　　　　　　　B. FT　　　　　　C. KM　　　　　　D. FU

12. 在绘制布置图时，需要（　　　）。

A. 按实际位置绘制　　　　　　　　　　　　B. 按一定比例绘制

C. 不需要按实际位置绘制　　　　　　　　　D. 不需要按比例绘制

13. 以下附件不属于实际接线柜的是（　　　）。

A. 线槽　　　　　　　　　　　　　　　　　B. 扎带

C. 吸盘　　　　　　　　　　　　　　　　　D. 护目镜

三、多选题

1. 以下低压电器属于手动操作的是（　　　）。

A. 熔断器　　　　B. 按钮　　　　C. 刀开关　　　　D. 速度继电器

E. 交流接触器

2. 以下低压电器属于保护作用的是（　　　）。

A. 熔断器　　　　B. 热继电器　　　　C. 漏电保护器　　　　D. 速度继电器

E. 交流接触器

3. 直流电磁机构中铁芯是（　　　）。

A. 硅钢片叠压而成　　　　　　　B. 整块铸铁

C. 整块铸钢　　　　　　　　　　D. 根据实际情况确定

E. 无要求

4. 触头系统按原始状态可分为（　　　）。

A. 常开触头　　B. 常闭触头　　C. 主触头　　D. 辅助触头　　E. 控制触头

5. 触头系统按其所接的控制电路可分为（　　　）。

A. 常开触头　　B. 常闭触头　　C. 主触头　　D. 辅助触头　　E. 控制触头

6. 根据国家标准，起动和停止交替动作按钮的颜色为（　　　）。

A. 黑色　　　　B. 白色　　　　C. 黄色　　　　D. 灰色　　　　E. 绿色

7. 交流接触器具有（　　　）保护作用。

A. 短路　　　　B. 过载　　　　C. 失压　　　　D. 欠压　　　　E. 断路

8. 在实际接线中，刀开关不能（　　　）。

A. 正装　　　　B. 倒装　　　　C. 平装　　　　D. 反装　　　　E. 无要求

9. 对于保护电动机的熔断器，应注意电动机（　　　）的影响。

A. 过载　　　　B. 起动时间　　C. 起动电流　　D. 起动转速　　E. 额定电流

10. 以下设计图按实际位置画出的是（　　　）。

A. 电气原理图　　B. 布置图　　C. 安装接线图　　D. 互连图　　E. 不确定

11. 点动控制线路图中具有（　　　）保护。

A. 短路　　　　B. 过载　　　　C. 失压　　　　D. 欠压　　　　E. 过压

12. 电气原理图由（　　　）组成。

A. 文字符号　　B. 图形符号　　C. 线路　　　　D. 电气参数　　E. 实物图

13. 在绘制安装接线图时，需要（　　　）。

A. 按实际位置绘制　　　　　　　B. 按一定比例绘制

C. 不需要按实际位置绘制　　　　D. 不需要按比例绘制

E. 无强制性规定

四、判断题

1. 点动，即按下按钮时电动机工作，手松开按钮时电动机即停止工作。（　　　）

2. 安装接线图不能反映元器件的实际位置和尺寸比例。（　　　）

3. 安装接线图各电气元件的图形符号和文字符号必须与电气原理图一致。（　　　）

五、简答设计题

1. 简述低压电器的工作原理。

2. 简述按钮的工作原理。

3. 简述交流接触器的定义、工作原理、文字符号和图形符号。

4. 交流接触器常见的故障有哪些？

5. 简述电气原理图的定义。

6. 简述电气原理图的分析规律。

7. 简述点动控制经常应用的场所。

8. 简述电气控制线路的制作方法。

9. 绘制出一控制电路，既能实现点动控制，又能实现长动控制。

任务三
三相异步电动机
正反转起停控制与实现

工作手册

姓名：_____

工位号：_____

时间：_____

电动机正反转，代表的是电动机顺时针转动和逆时针转动。电动机顺时针转动为正转，电动机逆时针转动为反转。根据交流电动机的工作原理可知，要实现电动机的正反转，只要将接至电动机三相电源进线中的任意两相对调接线，即可达到反转的目的。电动机的正反转应用广泛，例如电动葫芦吊钩的上升下降、起重机的上升下降、物料卷绕的顺逆时针旋转、车床加工刀具的正转反转等。

本任务通过三相异步电动机正反转起停控制与实现，使学生掌握常用低压电器（如低压断路器、漏电保护器、行程开关等）的定义、文字符号、图形符号、工作原理及选用；熟悉三相异步电动机正反转的工作原理；掌握三相异步电动机正反转起动控制设计法及工作原理。与此同时，在对三相异步电动机的正反转起动控制线路的连接和调试过程中，进一步加深学生对低压电器工作原理和电机拖动技术的理解，提高学生对三相异步电动机正反转起动控制的认识。

完成如图 3 - 1 所示双重互锁三相异步电动机正反转控制电路的接线与调试工作。

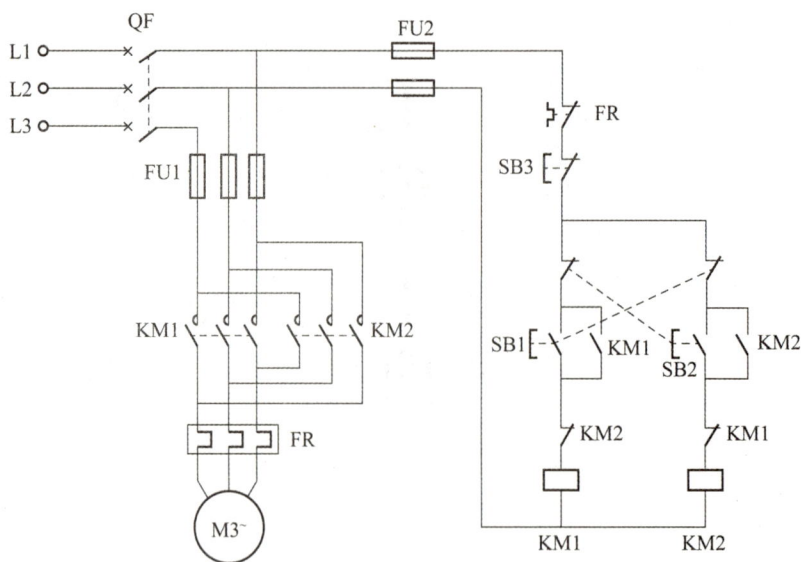

图 3 - 1　三相交流异步电动机正反转控制原理图

☞　三相异步电动机如何接线能实现正反转？

▲ **任务目标**

任务目标见表 3 - 1。

表 3 – 1　任务目标

序号	类别	目标
一	知识点	1. 常用低压电器（低压断路器、漏电保护器、行程开关、接近开关）的基础知识； 2. 三相异步电动机正反转起动控制原理； 3. 自动往复控制电路的控制原理及设计技巧； 4. 三相异步电动机电气互锁和机械互锁的设置与作用
二	技能点	1. 低压断路器、漏电保护器和行程开关的选用； 2. 三相异步电动机正反转起动控制的设计技巧； 3. 按照电气原理图完成双重互锁三相异步电动机正反转起停控制线路的安装与调试； 4. 三相异步电动机自动往复循环控制接线要点
三	职业素养	1. 学生发现问题、分析问题和解决问题的能力； 2. 良好的职业素养； 3. 质量、成本、安全和环保意识； 4. 严谨求真的唯物史观； 5. 责任担当的爱国情怀； 6. 精益求精的工匠精神

任务描述

掌握低压断路器和漏电保护器的结构符号、工作原理、选用与检测，理解三相异步电动机正反转起动控制电路的控制原理及设计技巧，在此基础上完成双重互锁正反转控制的构思、设计、实现和运作，并明确在电动机控制电路中需要哪些保护环节。

任务重难点

重点：

1. 掌握低压断路器、漏电保护器、行程开关等低压电器的文字符号、图形符号、工作原理及选用；

2. 掌握三相异步电动机正反转起停控制的工作原理。

难点：

1. 掌握三相异步电动机实现"正反停"直接控制原理图的构思和设计；

2. 掌握三相异步电动机自动往复运行控制的原理与技巧。

◤ 问题讨论

讨论分析三相异步电动机正反转在工业生产中实际应用的案例。

◤ 思政主题

精益求精的工匠精神

2018 年 10 月 24 日上午 9 时，港珠澳大桥开通运营。2009 年，港珠澳大桥动工建设，克服地形、技术等重重困难，历时八年，终于正式通车运行。港珠澳大桥全长 55 km，集桥、岛、隧于一体，是世界上最长的跨海大桥，被誉为桥梁界的"珠穆朗玛峰"，英国《卫报》将其誉为"新世界七大奇迹"，如图 3-2 所示。在港珠澳大桥建设过程中，设计总工程师林鸣的事迹让人钦佩不已。在港珠澳大桥建设之初，中国在外海沉管隧道领域的技术积累几乎是一片空白，为了攻克这一世界级顶尖难度技术，林鸣带着团队摸着石头过河。"外海沉管隧道，过去只有日本、美国、荷兰，它们是这个方面的强国，有这方面的经验，你想继续发展的时候，你就要靠自己去突破。"林鸣如是说也。

奇迹背后，是惊险万分。2017 年 5 月 2 日，港珠澳大桥 6.7 km 深海沉管隧道，距离最终合拢仅剩最后的 12 m。设计上称为"最终接头"——沉放入海，与一整条隧道连通，从而完成港珠澳大桥主体工程的全线贯通。在安装海域的指挥船上，林鸣和同事们都在焦灼地等待着，最终接头的吊装沉放"安装成功"，却出现了横向最大偏差 17 cm、纵向偏差 1 cm 的手工测量结果。将 6 000 多 t 重钢混嵌入到事前已经安装好的第 29、第 30 节沉管之中，难度极大，容忍偏差还是推倒重来？林鸣面临一个艰难的选择。最终他选择不容忍任何瑕疵。2017 年 5 月 3 日，港珠澳大桥沉管隧道接头再次对接，两小时内，林鸣下达了 700 多次口令，不断调整精度，在连续工作 38 h 后，第 29、第 30 节沉管终于焊接形成整体。就是这样一位伟大的工程师，发扬着精益求精的工匠精神，创造了世界奇迹。

图 3-2　港珠澳大桥全景图

本任务在电动机正反转的设计过程中，从无互锁但存在电源短路故障的电路到加入电气互锁但只能实现"正－停－反－停"的复杂操作，再到加入双重互锁能实现"正反停"的直接控制，在设计中不断对电路进行完善、优化，直至满足生产实际需求，得到最佳的控制电路。这个过程也是精益求精的过程，是弘扬工匠精神的过程。作为一名技术技能学习者，未来的发展方向很大的选择是电气控制行业的工程师，要想成为优秀的工程师，就需要对安全有要求，对质量精度有追求，不断提高，弘扬大国工匠精神。

　　☞　同学们能从林鸣总工身上收获哪些道理呢？

知 识链接

低压断路器

一、低压断路器、漏电保护器、行程开关的基础知识

1. 低压断路器

1）定义

低压断路器集控制和多种保护功能于一体，除能完成接通和分断电路外，还能对电路或电气设备发生的短路、过载和失压等故障进行保护。低压断路器在分断故障电流后，一般不需要更换零件，且具有较大的接通和分断

低压断路器的
基础知识

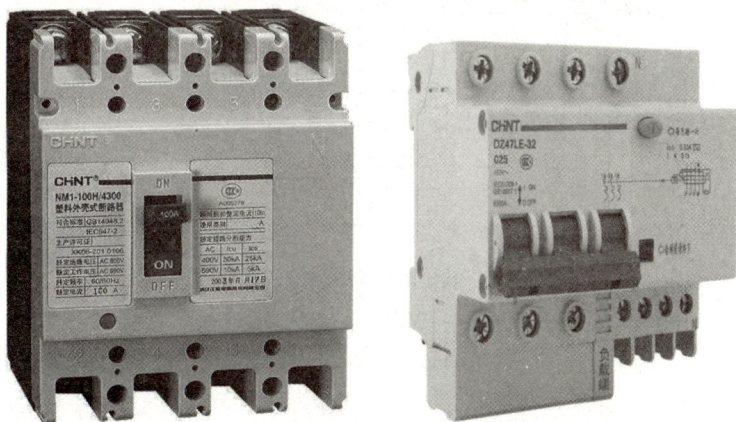

能力，因此获得广泛的应用。低压断路器按用途可分为配电、限流、灭磁和漏电保护等几种，按动作时间可分为一般型和快速型，按级数可分为单级、双级、三级和四级断路器，按结构可分为框架式和塑壳式两种。其实物图如图 3-3 所示。

图 3-3　低压断路器实物图

2）低压断路器的结构

低压断路器主要由触头系统、灭弧装置、保护装置和操作机构等组成。

低压断路器的触头系统一般由主触头、弧触头和辅助触头组成。主触头是断路器的执行元件，用来接通和分断主电路。为提高其分断能力，主触头上装有灭弧装置。灭弧装置多采用栅片灭弧方法。

脱扣器保护装置由各类脱扣器构成，以实现短路、失压和过载等保护功能。脱扣器是断路器的感受元件，当电路出现故障时，脱扣器感测到故障信号后，经自由脱扣机构使断路器主触头分断，从而起到保护作用。脱扣器按接受故障不同，又有励磁脱扣器、失压/欠压脱扣器、过电流脱扣器、热脱扣器，等等。

操作机构是实现断路器闭合、断开的机构。通常电力拖动控制系统中的断路器采用手动操作机构，低压配电系统中的断路器有电磁铁操作机构和电动机操作机构两种。

低压断路器有较完善的保护装置，但构造复杂，价格较贵，维修麻烦。

3）工作原理

低压断路器的工作原理与符号如图3-4所示。图3-4中低压断路器的三对主触头串联在被保护的三相主电路中，由于搭钩勾住弹簧，故使主触头保持闭合状态。当线路正常工作时，电磁脱扣器中线圈所产生的吸力不能将它的衔铁吸合。当线路发生短路时，电磁脱扣器的吸力增大，将衔铁吸合并撞击杠杆把搭钩顶上去，在弹簧的作用下切断主触头，实现了短路保护。当线路上电压下降或失去电压时，欠电压脱扣器的吸力减小而失去吸力，衔铁被弹簧拉开，撞击杠杆把搭钩顶开，切断主触头，实现了失压保护。当电路过载时，若脱扣器的双金属片受热弯曲，也会把搭钩顶开，切断主电路，实现过载保护。

低压断路器工作原理口诀速记：合闸时，电路导通；下闸时，电路断开。当电路发生短路、过载或失压欠压故障时，会脱扣推动电路断开。

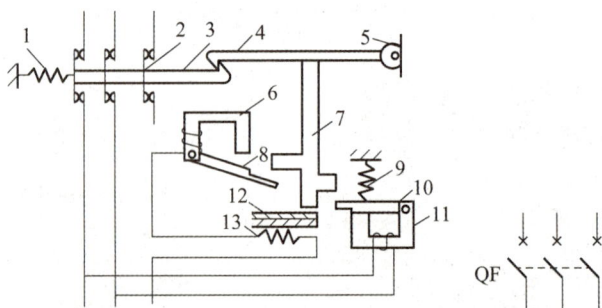

图3-4 低压断路器工作原理与符号

1，9—弹簧；2—主触头；3，4—搭钩；5—转轮；6，11—铁饼；8，10—衔铁；
7—杠杆；12—双金属片；13—电阻丝

4）常用低压断路器

目前，常用的低压断路器有塑壳式断路器和框架式断路器。塑壳式断路器是低压配电线路及电动机控制和保护中的一种常用的开关电器，其常用型号有DZ5和DZ10系列。DZ5-20表示额定电流为20 A的DZ5系列塑壳式低压断路器。低压断路器的型号含义如图3-5所示。

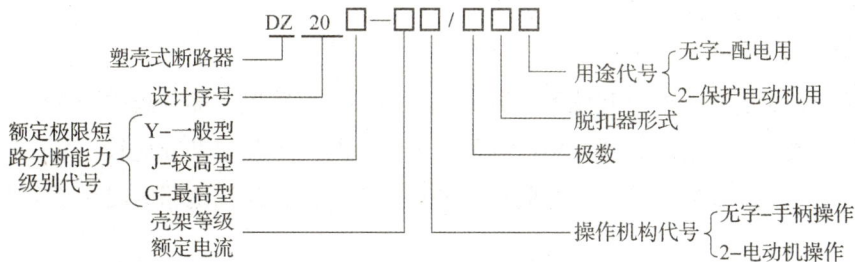

图 3 - 5　低压断路器的型号含义

5）主要技术参数

（1）额定电压：断路器在电路中长期工作时的允许电压值。

（2）断路器额定电流：指脱扣器允许长期通过的电流，即脱扣器额定电流。

（3）断路器壳架等级额定电流：指每一件框架或塑壳中能安装的最大脱扣器额定电流。

（4）断路器的通断能力：指在规定操作条件下，断路器能接通和分断短路电流的能力。

👉　讨论一下，低压断路器能逐步取代刀开关的根本原因是什么。

2. 漏电保护器

1）定义

漏电保护器又称为漏电断路器或漏电保安器，其实物图如图 3 - 6 所示。漏电保护的主要作用是当发生人身触电或漏电时，能迅速切断电源，保障人身安全，防止触电事故。一般采用漏电保护器进行保护，它不但有漏电保护功能，还有过载、短路保护功能，用于不频繁起、停的电动机。漏电保护器按工作原理可分为电压型漏电保护器、电流型漏电保护器（包括电磁式、电子式）、电流型漏电继电器等，常用的主要是电流型的。

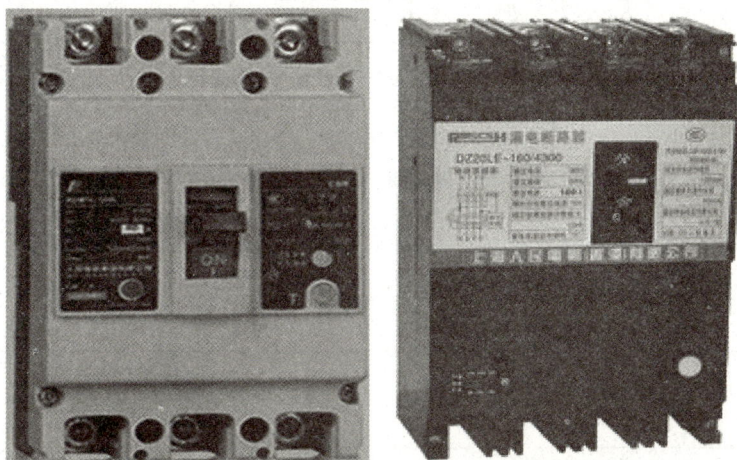

图 3 - 6　漏电保护器的实物图

【思政点】安全用电：近几年来，漏电事故造成人员伤亡和财产损失的新闻屡见不鲜，安全用电一直是人们十分重视的话题。因此，同学们要深刻植入安全用电意识，注意生活和生产用电安全，谨防漏电、触电事故的发生。

2）结构

漏电保护开关由零序电流互感器、漏电脱扣器和开关装置 3 部分组成。零序电流互感器用于检测漏电电流；漏电脱扣器将检测到的漏电电流与一个预定基准比较，从而判断漏电保护开关是否动作；开关装置通过漏电脱扣器的动作来控制被保护电路的闭合或分断。

3）工作原理

漏电保护器的工作原理图如图 3 – 7 所示。正常情况下，漏电保护开关所控制的电路没有发生漏电和人身触电等接地故障时，$I_{相} = I_{零}$，故零序电流互感器的二次回路没有感应电流信号输出，也就是检测到的漏电电流为零，开关保持在闭合状态，线路正常供电。当电路中有人触电或设备发生漏电时，因为 $I_{相} = I_{负} + I_{人}$，所以 $I_{相} > I_{零}$，通过零序电流互感器铁芯的磁通量 $\varPhi_{相} - \varPhi_{零} \neq 0$，故零序电流互感器的二次线圈感生漏电信号，漏电信号输入到电子开关输入端，促进电子开关导通，磁路线圈通电产生吸力，断开电源，完成人身触电或漏电保护。

漏电保护器工作原理口诀速记：合闸时，电路导通；下闸时，电路断开。当电路发生漏电故障时，会脱扣推动电路断开。

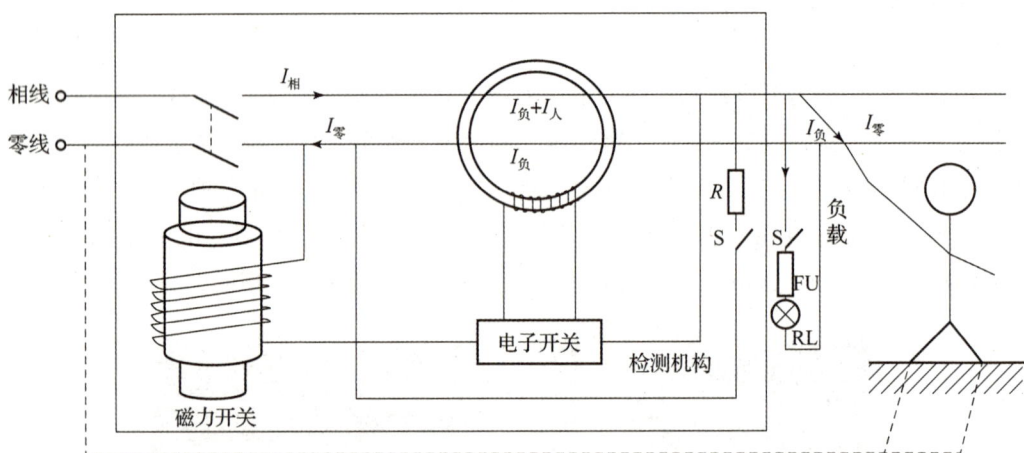

图 3 – 7　漏电保护器的工作原理图

👉 简述漏电保护器三个结构的主要作用：

（1）_____

（2）_____

（3）_____

【思政点】爱国主义情怀：漏电保护器时刻守护着设备和人民的安全，就像消防战士、武警官兵一样。就是因为有人负重前行，才有我们的岁月安好，同学们应珍惜当下幸福静好的生活，感恩守护我们、无私奉献的战士。

4）技术参数和选用方法

漏电保护器的技术参数如下：

（1）额定电压：规定为 220 V 或 380 V。

（2）额定电流：被保护电路允许通过的最大电流，即开关主触头允许通过的最大电流。

（3）额定动作电流：漏电保护器必须动作跳开时的漏电电流。

（4）动作时间：从发生漏电到开关动作断开的时间，快速型在 0.2 s 以下，延时型一般为 0.2～2 s。

（5）消耗功率：开关内部元件正常情况下所消耗的功率。

漏电保护器的选型主要根据其额定电压、额定电流以及额定动作电流和动作时间等几个主要参数来选择。选用漏电保护器时，其额定电压应与电路工作电压相符，漏电保护器额定电流必须大于电路最大工作电流，其选用方法如下：

（1）按线路泄漏电流大小选择。任何供电线路和电气设备都有一定的泄漏电流存在，选择漏电保护器的漏电动作电流，首先应大于线路的正常泄漏电流。若漏电动作电流小于线路的正常泄漏电流，漏电保护器就无法投入运行，或者由于经常动作而破坏了供电的可靠性。

（2）按分级保护方式选择。漏电保护器最好能分级装设，第一级保护是干线保护，主要用来排除用电设备外壳带电导体落地等单相接地故障，是以消除事故隐患为目的的保护；第二级保护是线路末端用电设备和分支线路的保护，是以防止触电为主要目的的保护。两级漏电保护的装设能够减少触电事故，保证了设备的用电安全。两级保护在时间上相互匹配，以缩小出现故障时的停电面积，方便排除故障和维修设备。

3. 行程开关

1）定义

行程开关又称为限位开关或位置开关，可将机械信号转化为电信号，实现对机械的控制。它是根据运动部件的位置而切换的电气元件，能实现运动部件极限位置的保护。它的作用原理与按钮类似，利用生产机械运动部件的碰压使其触头动作，从而将机械信号转化为电信号。行程开关的结构主要由触头系统、操作系统和外壳组成。其实物图如图 3-8 所示。

行程开关

行程开关的
基础知识

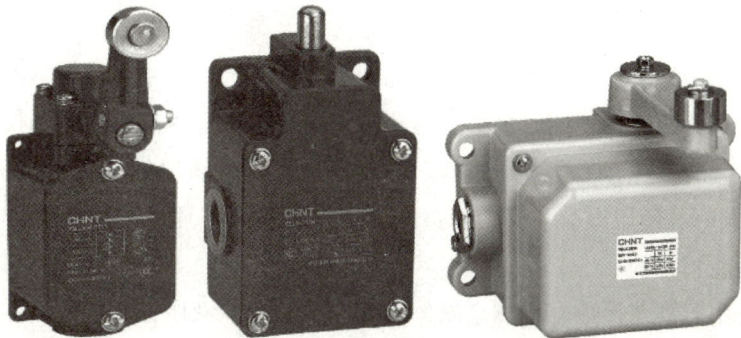

图 3-8　行程开关的实物图

2）工作原理

行程开关的工作原理是：当运动机械的挡铁压到滚轮上时，杠杆连同转轴一起转动，并推动撞块；当撞块被压到一定位置时，推动微动开关动作，使常开触头闭合、常闭触头断开；在运动机械的挡铁离开后，复位弹簧使行程开关各部件恢复常态。行程开关的结构、图形符号和文字符号如图3-9所示。

行程开关工作原理口诀速记：机械撞块碰撞时，常开闭、常闭开；机械撞块离开时，常开开、常闭闭。

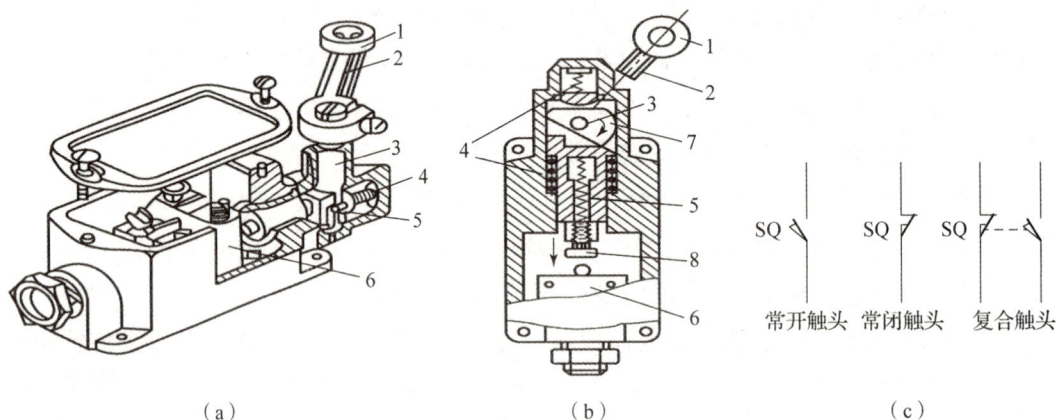

（a）　　　　　　　　　　　　（b）　　　　　　　　　　　（c）

图3-9　行程开关的结构、图形符号和文字符号

1—滚轮；2—杠杆；3—转轴；4—复位弹簧；5—撞块；6—微动开关；7—凸轮；8—调节螺钉

3）选用原则

（1）根据应用场合及控制对象选择种类。

（2）根据安装使用环境选择防护形式。

（3）根据控制回路的电压和电流选择行程开关系列。

（4）根据运动机械与行程开关的权利和位移关系选择行程开关的头部形式。

👉 请查阅相关资料，分析行程开关常用于哪些场所。

---

4. 接近开关

1）定义

接近开关又称无触头行程开关，其实物如图3-10所示。它是一种传感器型开关，既有行程开关、微动开关的特点，同时也具有传感性能。当机械运动部件运动到接近开关一定距离时，接近开关就会发出动作信号，它能准确反映出运动部件的位置和行程（其定位精准），以及操作频率、使用寿命、安装调整的方便性和对恶劣环境的适应能力，是一般机械式行程开关所不能相比的。

接近开关可用于高速计数、检测金属体的存在、测速、液压控制、检测零件尺寸，以及用作无触头式按钮等。

图 3 - 10   接近开关实物图

2）结构和工作原理

接近开关由接近信号辨识机构、检波、鉴幅和输出电路等部分组成。接近开关按辨识机构工作原理的不同分为高频振荡型、感应型、电容型、光电型、永磁及磁敏元件型、超声波型等，其中以高频振荡型最为常用。

高频振荡型接近开关由感辨头、振荡器、检波器、鉴幅、输出电路、整流电源和稳压器等部分组成。当装在运动部件的金属检测体接近感辨头时，由于感应作用，使处于高频振荡器线圈磁场中物体内部产生的涡流与磁滞损耗，以致振荡回路因电阻增大、损耗增加而使振荡减弱，直到停止振荡。这时，晶体管开关导通，并经输出器输出信号，从而起到控制作用。下面以晶体管停振型接近开关为例分析其工作原理。

晶体管停振型接近开关属于高频振荡型。高频振荡型接近信号的发生机构实际上是一个 LC 振荡器，其中 L 是电感式感辨头。当金属检测体接近感辨头时，在金属检测体将产生涡流，由于涡流的去磁作用使感辨头的等效参数发生变化，改变振荡回路的谐振电阻和谐振频率，使振荡停止，并以此发出接近信号。LC 振荡器由 LC 振荡回路、放大器和反馈电路构成。图 3 - 11 所示为晶体管停振型接近开关的结构框图。

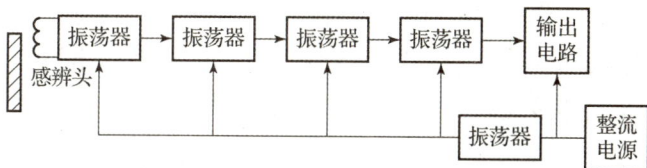

图 3 - 11   晶体管停振型接近开关的结构框图

3）接近开关主要技术参数

接近开关的主要技术参数除了工作电压、输出电流和控制功率外，还有其特有的技术参数，包括动作距离、重复精度、操作频率和复位行程等。常见的 LJ 系列接近开关主要参数见表 3 - 2。

表 3 – 2　LJ 系列接近开关主要技术参数

接近开关类型		额定工作电压/V	输出电流/A	开关压降/V	截止状态电流/A	操作频率/(次·时$^{-1}$)	外螺纹直径/mm	外壳防护等级
直流	二线型	10 ~ 30	10 ~ 30	8	1.5	100 ~ 200	M18、M30	IP65
	三线型	6 ~ 30	10 ~ 30	3.5	0.5			
	四线型	10 ~ 30	10 ~ 30					
交流		30 ~ 220	10 ~ 30	10	2.5	5		

4）接近开关接线注意事项

（1）接近开关有两线制和三线制的区别，三线制接近开关又分为 NPN 型和 PNP 型，它们的接线是不同的。

（2）两线制接近开关的接线比较简单，接近开关与负载串联后接到电源即可。

（3）三线制接近开关的接线：红（棕）线接电源正端；蓝线接电源 0 V 端；黄（黑）线为信号线，应接负载。负载的另一端是这样接的：对于 NPN 型接近开关，应接到电源正端；对于 PNP 型接近开关，则应接到电源 0 V 端。

（4）接近开关的负载可以是信号灯、继电器线圈或可编程控制器 PLC 的数字量输入模块。

（5）需要特别注意接到 PLC 数字输入模块三线制接近开关的型式选择。PLC 数字量输入模块一般可分为两类：一类的公共输入端为电源负极，电流从输入模块流出，此时，一定要选用 PNP 型接近开关；另一类的公共输入端为电源正极，电流流入输入模块，此时，一定要选用 NPN 型接近开关，千万不可选错。

（6）两线制接近开关受工作条件的限制，导通时开关本身产生一定的压降，截止时又有一定的剩余电流流过，选用时应予以考虑。三线制接近开关虽多了一根线，但不受剩余电流之类不利因素的困扰，工作更为可靠。

（7）有的厂商将接近开关的"常开"和"常闭"信号同时引出，或增加其他功能，此种情况应按产品说明书具体接线。

👉 想一想，接近开关有无触头系统结构。

二、三相异步电动机正反转起停控制与实现

单向转动的控制线路比较简单，但是只能使电动机朝一个方向旋转。但很多生产机械往往要求部件能向正、反两个方向运动，如机床工作台的前进和后退、万能铣床主轴的正反转、起重机的上升和下降、电动葫芦吊钩的上升和下降等。

三相异步电动机正反转控制

当改变通入电动机定子绕组的三相电源相序，即任意对调两相进线电源时，电动机便可实现反转。下面介绍几种常用的正反转控制电路。

1. 无互锁的正反转控制电路

无互锁的正反转控制电路如图 3 – 12 所示。主电路由正、反接触器 KM1、KM2 的主触头来实现电动机三相电源任意两相的换相，从而实现电动机的正反转。当需要正转起动时，按下正转起动按钮 SB1，电动机正向起动并运转；当需要反转起动时，按下反转起动按钮 SB2，电动机便反向起动并运转。但当再按下正转起动按钮 SB1，电动机已进入正转运行后，发生又按下反转起动按钮 SB2 的误操作时，由于正反转接触器 KM1、KM2 线圈同时通电吸合，其主触头均闭合，于是发生电源两相短路，导致熔断器 FU1 熔体熔断，电动机无法工作。因此，该电路在任何时候只能允许一个接触器通电工作，因此不能投入实际生产运行。

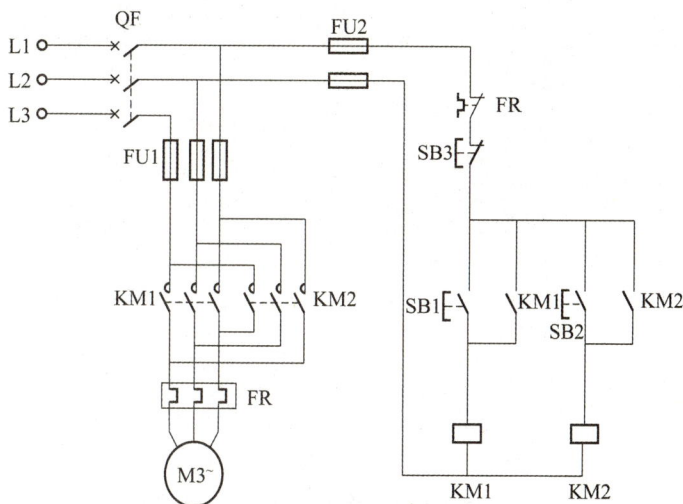

图 3 – 12　无互锁的电动机正反转控制电路

具体分析如下：

合上电源开关 QF，电路得电。

（1）起动：按下 SB1→KM1 线圈得电→KM1 常开触头闭合、主触头闭合→电动机正转起动运转→松开 SB1→电源经过闭合的常开触头给线圈供电，电动机继续运转。

（2）按下 SB2→KM2 线圈得电→KM2 常开触头闭合、主触头闭合→电动机反转起动运转→松开 SB2→电源经过闭合的常开触头给线圈供电，电动机继续运转。

（3）同时按下 SB1 和 SB2→KM1、KM2 线圈同时得电→L1 电流流经 KM1、KM2 流回 L3→电路电源短路。

（4）停止：按下 SB3→KM1、KM2 线圈失电→其自锁触头、主触头分断→电动机失电停转。

（5）停止使用时，断开电源开关 QF。

2. 加入电气互锁的正反转控制电路

无互锁的电路容易出现短路故障，需加入联锁环节使得电动机的正反转不能同时进行，则只需让 KM1 和 KM2 的线圈不能同时得电即可，因此在控制电路中加入电气互锁即可实现

KM1 和 KM2 无法同时得电的制约，如图 3 - 13 所示。

（1）合上 QF，引入电源；

（2）按下 SB1→KM1 线圈得电→其常开触头闭合，常闭触头断开，主触头闭合→电动机正转；

（3）按下 SB3→KM1 线圈失电→其常开触头恢复常开，常闭触头恢复常闭，主触头断开→电动机停转；

（4）按下 SB2→KM2 线圈得电，其对应的常开触头闭合，常闭触头断开，主触头闭合→电动机反转；

（5）停止使用时，断开电源开关 QF。

该电路能实现的控制是"正 - 停 - 反 - 停"，要从正转转为反转，必须按下停止按钮才能转换。

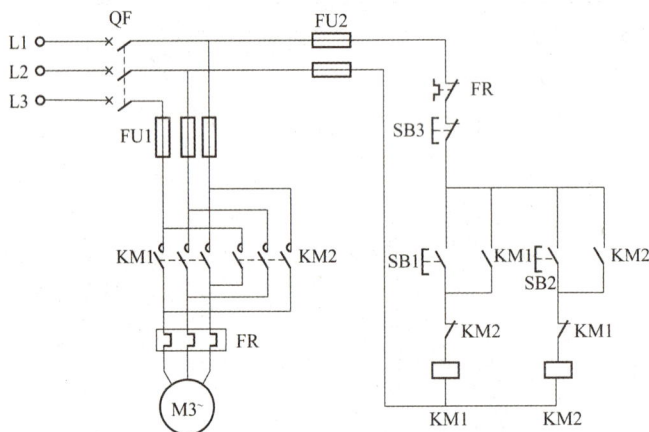

图 3 - 13　加入电气互锁的电动机正反转控制电路

电动机
正反转控制

3. 双重互锁的正反转控制电路

只加入电气互锁的正反转控制电路虽然可以避免接触器故障造成的电源短路故障，但是在需要改变电动机转向时必须先操作停止按钮，这在某些场所应用不便。双重互锁电路是在电气互锁的基础上加入机械互锁，不仅能保障电路的安全，而且可实现正反的直接转换。双重互锁的正反转控制电路如图 3 - 14 所示。

该电路在本任务的实施环节进行分析和实现。

【思政点】精益求精的工匠精神：电动机从无互锁存在电源短路故障，到有电气互锁但操作不便，再到加入双重互锁解决问题这一设计过程，体现了工匠人不断完善提高、精益求精、追求质量和品质的精神。

　　复盘电动机正反转控制电路图的特点和设计过程。

➢ 无互锁电路：＿＿＿＿＿＿＿＿＿＿＿＿＿＿＿＿＿＿＿＿＿＿＿＿＿＿＿＿＿

➢ 带电气互锁电路：＿＿＿＿＿＿＿＿＿＿＿＿＿＿＿＿＿＿＿＿＿＿＿＿＿＿＿

➢ 带双重互锁电路：＿＿＿＿＿＿＿＿＿＿＿＿＿＿＿＿＿＿＿＿＿＿＿＿＿＿＿

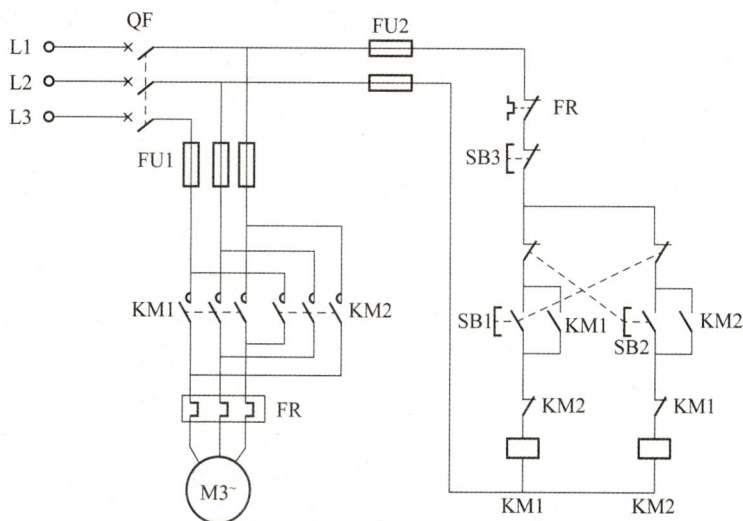

图 3 - 14　双重互锁的电动机正反转控制电路

三、电气联锁控制技术

通过对三相异步电动机正反转控制电路的分析，我们发现电路中应用了不少电气联锁电路。常见的联锁电路有自锁和互锁，互锁又可分为电气互锁和机械互锁。

1. **自锁**

在电动机长动控制电路中，便使用到了自锁，实现了对线圈得电状态的保持。由于按钮是短时信号，按下去常开触头闭合，松开后断开。在长动控制电路中，为了将按钮的起动状态锁存，便使用接触器的常开触头并在起动按钮的两端。当按下起动按钮时，接触器线圈得电，其对应的常开触头闭合；松开按钮，由于触头将电流引至线圈上，同时线圈得电又确保常开触头闭合，实现自我保持的功能。在电气控制电路中，常应用自锁技术实现长动或连续运转的控制，这一控制又拓展至 PLC 编程中。

2. **互锁**

在某些场合，需要将两种状态进行相互制约控制，比如电动机的正反转及抢答器等。实现相互制约的联锁电路包括电气互锁和机械互锁，其中，电气互锁应用范围比较广，其控制原理是将接触器的常闭触头串接在需要制约的接触器线圈的电路中；机械互锁是将复合按钮的常闭触头串接在需要制约的电路中。

四、三相异步电动机自动往复循环的控制与实现

在生产中，有些自动设备或生产机械（如导轨磨床、龙门刨床）需要自动往复运行，不断循环，以使工件能连续加工。自动往复控制电路当中设有两个带复合触头的行程开关，分别装在设备部件的两个规定位置，以发出返回信号来控制电动机换向。为了保证机械设备的安全，在运动部件的极限位置还设有限位保护用的行程开关。

图 3 - 15 所示为自动往复运行工作台结构图，其能实现工作台的自动往复运行控制。当

按下起动按钮时，工作台起动，向右运行，当碰到行程开关 SQ1 时，工作台自动往左运行；当碰到行程开关 SQ2 时，工作台自动往右运行，如此往复不断运行。图 3 – 15 中的 SQ3 和 SQ4 为极限位置保护的行程开关。

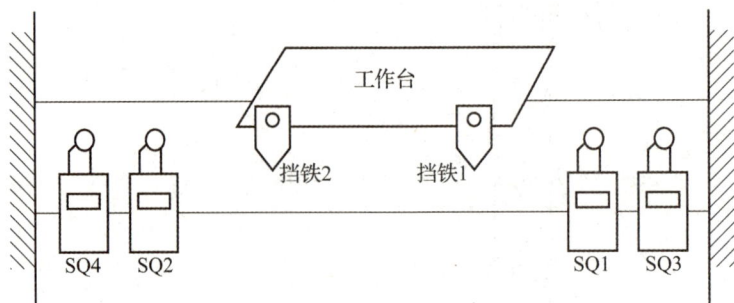

图 3 – 15　自动往复运行工作台结构图

　　根据上述控制要求，设计出的电气原理图如图 3 – 16 所示。工作过程为：合上 QF，按下起动按钮 SB3，接触器 KM1 因线圈通电而吸合，自锁主触头闭合，电动机正转，通过机械传动装置拖动工作台向右移动，当工作台运动到一定位置时，挡铁 1 碰撞行程开关 SQ2，使其常闭触头断开接触器，KM1 因线圈断电而释放，随即行程开关 SQ2 的常开触头闭合，使接触器 KM2 线圈通电吸合并自锁，电动机反转拖动工作台向左运行，同时行程开关 SQ2 复位为下一次工作做准备，由于此时 KM2 的常开触头闭合，实现自锁，故电动机继续拖动工作台向左运行。当挡铁 2 碰到 SQ1 时情况与上述过程类似，如此工作台便在预定的行程内自动往复移动。在运行中，一旦 SQ1 和 SQ2 损坏，工作台继续移动，当挡铁碰撞到行程开关 SQ3 和 SQ4 时，SQ3 或 SQ4 的常闭触头断开电路，实现限位越程保护。

　　该电路可实现电动机的自动往复控制。

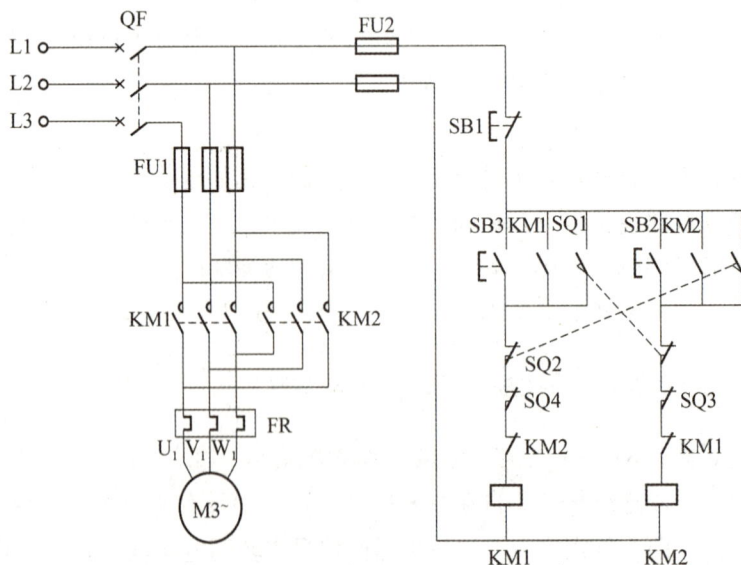

图 3 – 16　自动往复循环控制电气原理图

☞ 总结行程开关在自动往复运行控制电路中的作用。

任务实施

三相异步电动机双重互锁控制的正反转控制与实现。

本任务要求学生坚持 CDIO（构思→设计→实现→运作）理念为指导，完成三相异步电动机双重互锁控制的正反转控制与实现。

一、任务构思

如何实现对三相异步电动机正反转直接转换的控制呢？

根据电气联锁技术和电动机实现"正－停－反"控制的原理分析，可知在电路中加入机械互锁的电路便可实现"正反停"的直接控制。

二、任务设计

1. 材料清单（见表 3-3）

表 3-3 材料清单

类型	名称	数量	功能	备注
设备	三相异步电动机	1	控制对象	
	低压断路器	1	接通断开电路	
	熔断器	5	短路保护	
	按钮	3	控制电路	
	热继电器	1	过载保护	
	交流接触器	2	自动控制	
材料	导线	若干	连接电路	

2. 仿真设计

请在如图 3-17 所示图框中完成电路的设计过程，并利用 CAD 电气制图模拟软件完成电路的仿真和分析。

三、任务实现

1. 操作工单（见表 3-4）

6						
5						
4						
3						
2						
1						
序号	符号	名称	型号	数量	单位	备注

材料明细表

职务	签名	子项名称	
负责人		三相异步电动机双重互锁的正反转控制原理图设计	
审定		图名	
审核		三相异步电动机正反转起动控制原理图	
校核		比例	图号	2021-3-1
设计		专业	机电、电气	
制图		设计年份	2022年	____ 学校

图 3-17　三相异步电动机双重互锁的正反转控制原理图

表 3-4　操作工单

学生姓名		班级		成绩	
任务描述	完成三相异步电动机双重互锁的正反转控制与实现				
任务目标	1. 能分析三相异步电动机双重互锁的正反转控制原理； 2. 能正确选择元器件，并正确完成接线； 3. 完成三相异步电动机正反转控制的接线和调试				
设备工具	三相异步电动机；低压断路器、熔断器、按钮、热继电器、交流接触器；连接线、万用表、螺丝刀等				
信息获取	1. 获取交流接触器信息 　型号：_____　　　　　接线端子：_____ 2. 获取熔断器信息 　型号：_____　　　　　接线方法：_____ 3. 获取热继电器信息 　型号：_____　　　　　常闭触头：_____				

学生姓名			班级		成绩	
操作流程	1. 准备工作					
	（1）	设备选择	操作要点和注意事项			
	（2）	材料准备				
	（3）	设备检查				
	2. 三相异步电动机双重互锁的正反转接线和调试					
	（1）	引进电源，完成电源接线				
	（2）	完成低压断路器、熔断器、交流接触器、按钮、电动机等电气设备的接线连接				
	（3）	组内自检、小组互检、教师终检，确定线路的正确性				
	（4）	通电调试、故障排除				
	（5）	教师给予实训最终成绩				
	3. 做好 6S 管理					
	（1）	收好设备、材料				
	（2）	整理好桌面，保证清洁、整齐				
个人自评	技能操作		团队协作	职业素养		总分
小组互评	技能操作		团队协作	职业素养		总分
教师终评	技能操作		团队协作	职业素养		总分

注：个人自评（25%）、小组互评（25%）和教师终评（50%），从技能操作、团队协作、职业素养三个方面综合考虑，得出最终成绩

【思政点】发现问题、分析问题和解决实际问题能力：在实操过程中，不可避免会出现一些故障使得电路无法运转起来，这时我们应沉下心来，根据故障现象发现可能存在的问题，分析解决方法，最后着手实施，完成检修工作。例如电动机不转，那我们可以通过接触器是否吸合判断是主电路故障还是控制电路故障，再通过万用表检查电源通断确定问题所在，找到问题，解决就显得轻而易举了。

2. 任务分组（见表3-5）

表3-5　三相异步电动机双重互锁的正反转接线和调试分组分工表

组号：　　　　　　　　　　组长：　　　　　　　　　　组长联系方式：

成员：

序号	分工项目	负责人	备注

四、任务运作

1. 任务完成检查

通过个人自检、小组互检、教师终检，确定本次任务是否完成到位。

2. 任务总结与反思

本任务是在掌握电动机正反转控制的基础上，完成三相异步电动机双重互锁的正反转接线和调试电路，是三相电动机典型控制的电路。本任务相较于前面任务，设备材料多，接线和调试更复杂，操作难度较大。在构思、设计环节，刚开始设计的电路存在瑕疵，需要不断完善、优化才能设计出最符合要求的电路，这就是追求精益求精的过程。

任务完成后需撰写实操总结报告，报告可以加深学生对知识点的掌握程度，通过撰写报告可回顾操作过程，提升操作的熟练度，提高学生的技术技能。实操报告包括项目题目、目的、要求、原理图、操作步骤和心得体会等内容，见表3-6。

表3-6　实操总结报告

班级：＿＿＿＿＿＿＿＿＿＿　　　　　　　　　　姓名：＿＿＿＿＿＿＿＿＿＿

实操项目	
实操目的	

实操项目	
控制要求	
工作原理图	
操作步骤	
心得体会	

【思政点】积极乐观的人生态度：正反转实训接线变得复杂，有个别组别可能会出现功能无法实现的问题，这时同学们应正视问题，反思原因，乐观面对，积极解决。遇到困难不退缩，勇往直前，想想当代伟大物理学家斯蒂芬·威廉·霍金的生平事迹，与同学们共勉。

3. 任务评价

本任务的评价指标和评价内容在项目评价体系中所占分值及小组评价和教师评价在本项目考核中的比例见表 3-7。任课教师对每位学生进行评价，并得出其最后实训成绩，纳入最终的考核成绩。

表 3-7　考核评价体系表

班级：＿＿＿＿＿＿＿＿　　　　　　　　　　　姓名：＿＿＿＿＿＿＿＿

序号	评价指标	评价内容	分值	学习表现（30%）	组内自评（10%）	组间互评（25%）	教师评价（35%）
1	理论知识	是否掌握三相异步电动机正反转控制原理	40				
2	实操训练	能否顺利完成接线，团队分工合作，互帮互助	50				
3	答辩	本任务涵盖的知识点是否都比较熟悉	10				
4	最终成绩						

电动机控制电路中必备的保护环节

1. 短路保护

电动机、电器以及导线的绝缘损坏或线路发生故障，都可能造成短路事故。很大的短路电流和电动力可能使电气设备损坏。因此，在发生短路故障时，保护电器必须立即动作，迅速将电源切断。常用的短路保护电器是熔断器和低压断路器。

2. 过载保护

当电动机负载过大，起动操作频繁或缺相运行时，会使电动机的工作电流长时间超过其额定电流，电动机绕组过热，温升超过其允许值，导致电动机的绝缘材料老化，寿命缩短，严重时会使电动机损坏。因此，当电动机过载时，保护电器应动作（切断电源），使电动机停转，避免电动机在过载下运行。

常用的过载保护元件是热继电器。由于热惯性的原因，热继电器不会受到电动机短时间内过载冲击电流的影响而瞬时动作，所以在使用热继电器作过载保护的同时，还必须有短路保护，并且选作短路保护的熔断器熔体的额定电流不应超过热继电器发热元件额定电流的4倍。

3. 过电流保护

如果在直流电动机和交流绕线式异步电动机起动或制动时，限流电阻被短接，将会造成很大的起动或制动电流。另外，负载的加大也会导致电流增加。过大的电流将会使电动机或机械设备损坏。因此，对直流电动机或绕线式异步电动机常采用过电流保护。

过电流保护常用电磁式过电流继电器实现。当电动机过电流达到电流继电器的动作值时，继电器动作，使串接在控制电路中的动断触点断开，切断控制电路，电动机随之脱离电源停转，达到了过电流保护的目的。一般过电流的动作值为起动电流的1.2倍。

虽然短路、过电流、过载保护都是电流保护，但由于它们的故障电流、动作值、保护特性、保护要求以及使用元件不同，故不能互相取代。

4. 欠电压保护

当电网电压降低时，电动机便在欠电压下运行。由于电动机的负荷没有改变，故欠电压下电动机转速下降，定子绕组的电流增加。因为电流增加的幅度尚不足以使熔断器和热继电器动作，所以两种电器起不到保护作用。如不采取保护措施，时间一长电动机将会过热损坏。另外，欠电压将引起一些电器释放，使电路不能正常工作。因此，应避免电动机在欠电压下运行。

实现欠电压保护的电器有接触器和电磁式电压继电器。在机床电气控制线路中，只有少数线路专门设了电磁式电压继电器，而大多数控制线路由于接触器已兼有欠电压保护功能，故不再加设欠电压保护器。一般当电网电压降低到额定电压85%以下时，接触器（或电压继电器）触点会释放。

5. 零电压保护（失电压保护）

在生产机械工作时，如果电网由于某种原因而突然停电，那么在电源电压恢复时，电动机便会自行起动运转，这可能导致人身和设备事故，并引起电网电流过大和瞬时电网电压下降。为了防止这种情况出现而实施的保护叫作零电压保护。

常用的失电压保护电器有接触器和中间继电器。当电网停电时，接触器和中间继电器触点复位，切断主电路和控制电源。当电网恢复供电时，若不重新按下起动按钮，电动机就不会自行起动，实现了失电压保护。

6. 漏电保护

漏电保护的主要作用是，当发生人身触电或漏电时，迅速切断电源，保障人身安全，防止触电事故。一般采用漏电保护器进行保护，它不但有漏电保护功能，还有过载和短路保护功能，用于不频繁起、停的电动机。

课后习题

班级：_____   姓名：_____

一、填空题

1. 低压断路器的作用主要为_____和_____。

2. 低压断路器按结构可分为_____和_____。

3. 低压断路器的触头系统可分为_____、_____和_____。

4. 低压断路器最为常用的保护作用是_____、_____和_____。

5. 漏电保护器的主要作用可概括为_____和_____。

6. 漏电保护器由_____、_____和_____三部分组成。

7. 漏电保护器的工作原理是_____。

8. 漏电动作电流及动作时间可根据_____和_____选择。

9. 实现正反转控制的方法是_____。

10. 行程开关结构可分为_____、_____和_____三个部分。

11. 行程开关的文字符号为_____，其工作原理为_____，其作用是将_____能转换成_____能。

12. 接近开关不仅有_____的特点，同时还具有_____性能。

13. 三线制接近开关又分为_____和_____型，且接线是不同的。

二、选择题

1. 低压断路器属于（   ）的低压电器。

A. 自动   B. 半自动   C. 手动   D. 半手动

2. 低压断路器中热脱扣器起到（   ）保护作用。

A. 过载   B. 失压   C. 欠压   D. 过流

3. 低压断路器中电磁脱扣器起到（   ）保护作用。

A. 过载   B. 失压   C. 欠压   D. 短路

4. 断路器额定电流（   ）线路或设备额定电流。

A. 大于   B. 不大于   C. 小于   D. 不小于

5. 低压短路器的文字符号为（   ）。

A. QS   B. QA   C. QB   D. QF

6. 塑壳式断路器 DZ20Y–63/3P 表示的壳架等级电流为（   ）A。

A. 20   B. 63   C. 3   D. 32

7. 漏电保护器中零序电流互感器的作用是（   ）。

A. 检测漏电电流   B. 与基准值比较   C. 接通和断开   D. 保护电路

8. 快速型漏电保护器常用于老幼活动场所，其动作时间大概为（　　　）。

A. 0.1 s 以下　　　　　　B. 0.1 s 以上　　　　　　C. 0.2 s 以下　　　　　　D. 2 s 以下

9. 利用接触器常闭触点在对方电路中实现制约的控制为（　　　）。

A. 自锁　　　　　　B. 电气互锁　　　　　　C. 机械互锁　　　　　　D. 双重互锁

10. 利用按钮常开、常闭触点的机械连接，在电路中互相制约的接法称为（　　　）。

A. 自锁　　　　　　B. 电气互锁　　　　　　C. 机械互锁　　　　　　D. 双重互锁

11. 行程开关属于（　　　）的低压电器。

A. 自动　　　　　　B. 半自动　　　　　　C. 手动　　　　　　D. 半手动

12. 行程开关可以将（　　　）能转换为（　　　）能。

A. 机械，电　　　　　　B. 电，机械　　　　　　C. 行程，电　　　　　　D. 电，行程

13. 行程开关的文字符号为（　　　）。

A. QF　　　　　　B. SF　　　　　　C. SQ　　　　　　D. QB

三、多选题

1. 低压断路器能实现（　　　）保护。

A. 短路　　　　B. 失压　　　　C. 欠压　　　　D. 过载　　　　E. 漏电

2. 低压断路器按用途分为（　　　）等几种。

A. 配电　　　　B. 限流　　　　C. 灭磁　　　　D. 漏电保护　　　　E. 控制

3. 漏电保护开关由（　　　）三部分组成。

A. 互感器　　　　　　　　　　B. 漏电脱扣器

C. 零序电流互感器　　　　　　D. 电流脱扣器

E. 开关装置

4. 漏电保护器动作电流及动作时间可按（　　　）选择。

A. 线路泄漏电流大小　　　　　　B. 按分级保护方式

C. 主干路　　　　D. 通电时间　　　　E. 额定电流电压

5. 漏电保护开关的作用有（　　　）。

A. 接通电路　　　B. 断开电路　　　C. 漏电保护　　　D. 短路保护　　　E. 过载保护

6. 可实现制约的控制有（　　　）。

A. 自锁　　　B. 电气互锁　　　C. 机械互锁　　　D. 双重互锁　　　E. 互锁

7. 接近开关由（　　　）组成。

A. 信号辨识结构　　B. 检波　　　C. 鉴幅　　　D. 输出电路　　　E. 感测部分

8. 接近开关主要的技术参数有（　　　）。

A. 工作电压　　B. 输出电流　　C. 电流频率　　D. 防护等级　　E. 动作距离

9. 行程开关的作用有（　　　）

A. 保护作用　　B. 状态转换　　C. 放大信号　　D. 限位保护　　E. 通断电路

四、判断题

1. 断路器额定电压不小于安装地点电网的额定电压。（   ）

2. 低压断路器欠电压脱扣器额定电压等于线路额定电压。（   ）

3. 低压断路器主要用在不频繁操作的低压配电线路或开关柜（箱）中作为电源开关使用。（   ）

4. 正常情况下，流过火线上的电流等于流过零线上的电流，但方向相反。（   ）

5. 漏电保护器额定动作电流是指必须动作跳开时的漏电电流。（   ）

6. 选用漏电保护器时，其额定电流需大于等于电路最大工作电流。（   ）

7. 干路上设置的漏电保护器额定电流不一定要大于支路上的漏电保护器额定电流。（   ）

8. 在生产中，某些机床的工作台需要自动往复运动，通常是利用行程开关来控制自动往复运动的行程的。（   ）

9. 当撞块被压到一定位置时，推动微动开关动作，使常开触头分断、常闭触头闭合。（   ）

10. 接近开关内部有微动触头，只是不接通外部电路而已。（   ）

五、简答设计题

1. 简述低压断路器的工作原理。

2. 简述漏电保护器各组成部分的作用。

3. 设计一辆小车自动往复运行的电气原理图，具体要求如下：

（1）小车起点在甲地；

（2）小车在甲、乙两地往复不断运行；

（3）小车能停在任何位置；

（4）电路有短路、过载等保护。请选用合适的元器件，完成电气原理图的设计。

4. 某工作台，能实现正反转加工控制，具体要求如下：按下起动按钮，工作台右行，碰到右限位开关后，停 5 s，随后左行，碰到左限位开关后，停止，完成一次加工操作。请根据控制要求，选择合适的元器件，完成电气原理图的设计。

任务四
三相异步电动机
顺序起停控制与实现

工作手册

姓名：_____

工位号：_____

时间：_____

任务导入

在工业实际生产中，有些自动化设备往往要求多台电动机的起动与停止必须按一定的先后顺序进行，这种控制方式称为顺序控制。比如物料传送带的顺序起动逆序停止、机床加工工件的顺序自动加工等。

本任务通过三相异步电动机顺序起停控制与实现，使学生了解时间继电器、热继电器的基本结构、文字符号、图形符号、工作原理等基础知识；掌握多台三相异步电动机顺序起停控制的设计方法和技巧；同时，通过对两台三相异步电动机的顺序控制接线、分析过程，进一步加深学生对时间继电器工作原理的理解，提高学生对多台电动机顺序起动控制的设计能力。

完成如图 4-1 所示两台三相异步电动机顺序起停控制的接线。

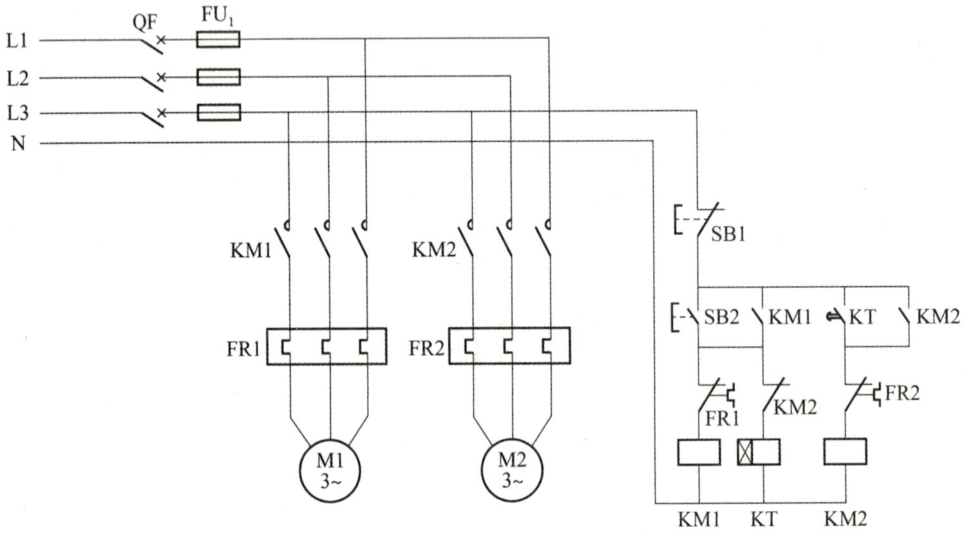

图 4-1　两台三相交流异步电动机顺序起停控制电气原理图

任务目标

任务目标见表 4-1。

表 4-1　任务目标

序号	类别	目标
一	知识点	1. 时间继电器、热继电器的分类、特点及应用； 2. 两台三相异步电动机顺序起动的控制原理； 3. 多台三相异步电动机顺序起动的设计技巧

序号	类别	目标
二	技能点	1. 时间继电器不同类型的选用要点； 2. 两台三相异步电动机顺序起动的设计要点； 3. 两台三相异步电动机顺序起动的控制接线
三	职业素养	1. 学生发现问题、分析问题和解决问题的能力； 2. 良好的职业素养； 3. 质量、成本、安全和环保意识； 4. 严谨求真的唯物史观； 5. 责任担当的爱国情怀； 6. 精益求精的工匠精神

任务描述

　　掌握时间继电器、热继电器的定义、作用、结构组成、工作原理，理解两台三相异步电动机顺序起动控制的设计原理，在此基础上，完成时间继电器控制的两台三相异步电动机顺序起动控制的构思、设计、实现和运作，并实现对两台电动机的顺序起动控制。

任务重难点

重点：

1. 掌握不同类型时间继电器的工作原理；
2. 掌握顺序控制电气原理图的设计技巧。

难点：

1. 掌握不同类型时间继电器的使用方法；
2. 掌握两台三相异步电动机顺序起动的原理和接线方法。

问题讨论

　　顺序起动在工业生产中应用十分广泛，同学们探讨下顺序起动控制的设计要点。

勇攀高峰的创新精神

2021 年 5 月 22 日，伟大的杂交水稻之父袁隆平院士（见图 4 - 2）与世长辞，举国哀悼，万民同悲。1960 年，中国正在经历三年困难时期，看到人民饥肠辘辘，袁隆平院士心中种下了一颗种子，便是利用毕生所学，让人民可以吃饱饭。当时的农学教科书，宣讲的是苏联李森科、米丘林的学说，其学说认为"水稻等自花授粉作物没有杂种优势"，袁隆平在遵循米丘林的方法试验了几次后都失败了。后来，袁隆平从外文杂志上了解到孟德尔、摩尔根近代遗传学说，便开始做这方面的研究。袁隆平于 1964 年开始研究杂交水稻，1973 年育成第一个强优组合南优 2 号。袁隆平的研究打破了"水稻等自花授粉作物没有杂种优势"的传统观念，大大丰富了作物遗传育种的理论和技术，具有很高的学术价值。杂交水稻对解决中国的粮食需求问题发挥了极其重要的作用，使我国用占世界 7% 的耕地，解决了占世界 22% 人口的吃饭问题。

然而袁隆平院士一直没有停下研究的步伐，虽获得了国内外无数奖项，但是他仍然保持着"工匠精神"，当他还是一个乡村教师的时候，就已经具有挑战世界权威的胆识，当他名满天下的时候，却依然只专注于田畴。一直以来淡泊名利，一介农夫，播撒智慧，收获富足。袁隆平勇攀高峰的创新精神，不畏艰险坚持追求的品质，正是体现了大国工匠的风范。

本任务在设计两台电动机的顺序起动过程中，顺序控制可以在主电路实现，也可以在控制电路实现，可以用手动实现，也可以用自动实现。工程师在设计的过程中，不可能总是遇到相同的项目和相同的控制需求，每一次与客户沟通都可能会出现新的要求，面临新的问题，这就需要工程师注重敏锐、进取、专研等创造性能力的培养，不断学习新技术、新工艺、新方法，发散思维，勇攀高峰，具备创新、创造能力，方能设计出满足控制要求的电路。

图 4 - 2　杂交水稻之父袁隆平院士

同学们能从袁隆平院士身上收获哪些道理呢？

一、时间继电器、热继电器的基础知识

1. 时间继电器

1）时间继电器的定义和分类

时间继电器的
基础知识

在继电器的吸引线圈通电或断电后，触头经过一定延时才能使执行部分动作的继电器称为时间继电器。根据动作原理，时间继电器可分为空气阻尼式、电磁式、电动式和电子式等，按延时方式可分为通电延时型和断电延时型。时间继电器的实物图如图4-3所示。

时间继电器

图4-3　时间继电器的实物图

2）时间继电器的工作原理

时间继电器应用最多的类型为通电延时型和断电延时型。

（1）通电延时型：当接受输入信号后延时一定时间，输出信号才发生变化；当输入信号消失后，输出信号瞬间恢复。

其口诀为：线圈得电时，延时一段时间后常开闭、常闭开；线圈失电时，立即常开开、常闭闭。

（2）断电延时型：当接受输入信号后，瞬时产生相应的输出信号；当输入信号消失后，延时一段时间，输出信号才恢复。

其口诀为：线圈得电时，立即常开闭、常闭开；线圈失电时，延时一段时间后常开开、常闭闭。

图4-4（a）所示为空气阻尼式通电延时时间继电器的延时原理。时间继电器断电时，衔铁处于释放状态，衔铁顶动活塞杆并压缩波纹状气室，压缩阀门弹簧打卡阀门，排出气室内的空气；线圈通电后，衔铁被吸合，推板5推动微动开关立即动作，同时活塞杆6在塔形弹簧7的作用下带动与活塞13相连的橡皮膜9向上运动，运动速度受进气孔进气速度限制。由于橡皮膜下方气室的空气稀薄，与橡皮膜上方的空气形成压力差，因此活塞杆6不能迅速上升。活塞杆6带动杠杆7只能慢慢地移动，经过一段时间后，杠杆7触碰微动开关，使其动作。从线圈通电起，到延时触头完成动作为止的时间，称为延时时间。转动调节螺钉可调节进气孔的大小，以改变延时时间。

将通电延时型时间继电器的电磁机构翻转 180°安装，即成为断电延时时间继电器，它的工作原理与通电延时型相似，其延时原理如图 4-4（b）所示。

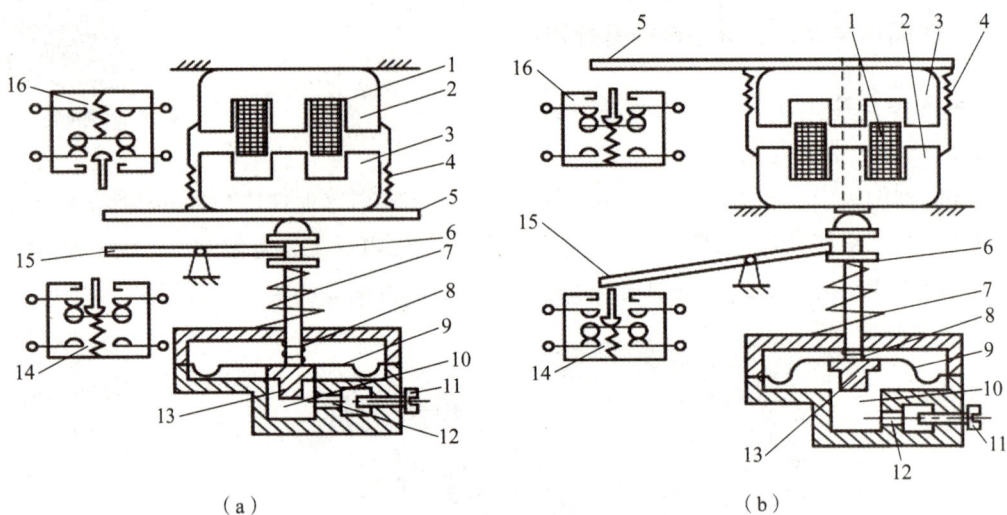

（a）　　　　　　　　　　　　　　（b）

图 4-4　空气阻尼式时间继电器工作原理

1—线圈；2—铁芯；3—衔铁；4—反作用力弹簧；5—推板；6—活塞杆；7—塔形弹簧；8—弹簧；
9—橡皮膜；10—气室；11—调节螺钉；12—进气孔；13—活塞；14，16—微动开关；15—杠杆

👉 通过对空气式时间继电器工作原理的分析，可得出该时间继电器具有的特征。

时间继电器的文字符号为 KT，图形符号包括线圈、瞬动常开常闭触头和延时常开常闭触头。时间继电器的文字符号和图形符号如图 4-5 所示。对于延时触头，可利用"左通右断"口诀来区分。

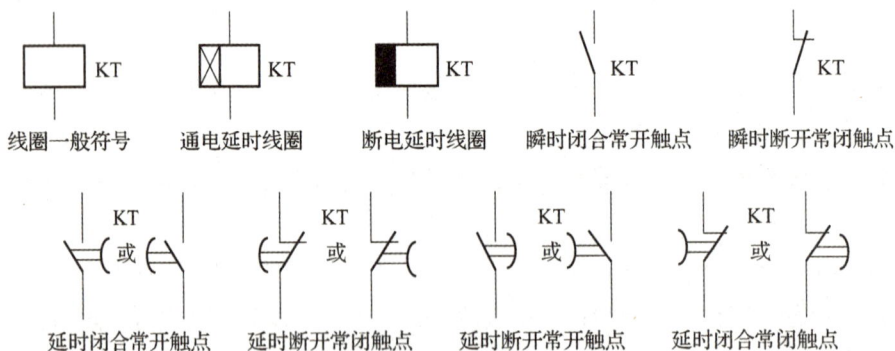

| 线圈一般符号 | 通电延时线圈 | 断电延时线圈 | 瞬时闭合常开触点 | 瞬时断开常闭触点 |

| 延时闭合常开触点 | 延时断开常闭触点 | 延时断开常开触点 | 延时闭合常闭触点 |

图 4-5　时间继电器的文字符号和图形符号

3）时间继电器选用

（1）根据控制电路的控制要求选择通电延时型还是断电延时型。

（2）根据对延时精度要求不同选择时间继电器类型。对延时精度要求不高的场合，一般选用电磁式或空气阻尼式时间继电器；对延时精度要求场合高的场合，选用晶体管式或电

动机式时间继电器。

（3）注意电源参数变化的影响。对于电源电压波动大的场合，选用空气阻尼式比采用晶体管式好；在电源频率波动大的场合，不宜采用电动式时间继电器。

（4）注意环境温度变化的影响。在环境温度变化较大的场合，不宜采用晶体管式时间继电器。

（5）对操作频率也要加以注意。因为操作频率过高不仅会影响电气寿命，还可能导致延时误动作。

（6）考虑延时触头种类、数量和瞬时触头种类是否满足控制要求。

【思政点】诚信守时的良好品质： 现在的工业生产进入智能化、智慧化的时代，任何的生产工作都有精确的时间限制，时间就是效率，按时交付产品、诚实守信影响着企业的发展。作为一个即将踏入社会走向工作岗位的大学生，应坚守诚信守时的良好品质，规划自己的职业生涯，做时间的管理者，方能成为一个让企业放心、让同事信任的人。

2. 热继电器

1）热继电器定义和原理

热继电器是利用电流流过发热元件产生热量来使检测元件受热弯曲，进而推动机构动作的一种保护电器。其在电路中主要用作电动机的长期过载保护。热继电器的实物图如图 4-6 所示。

热继电器的
基础知识

图 4-6　热继电器的实物图

JR16 系列热继电器的外形、结构及图形符号如图 4-7 所示。当电动机正常工作时，电阻丝不发热；当电动机发生过载等故障时，主双金属片 1 受热向左弯曲较大，通过补偿双金属片 4 和推杆 6，使动触头 8 和静触头 7 分开，以切断控制电路，达到保护电动机的目的。

热继电器的文字符号为 FR，图形符号包括双金属片和常闭触头。

工作原理口诀：正常工作时，不动作；当发生过载故障时，双金属片受热膨胀弯曲，推动常闭触头断开，切断控制电路。

☞ 热继电器结构中双金属片的膨胀系数一致吗？

2）热继电器的型号和选用

热继电器主要用于电动机的过载保护，选用热继电器时应根据使用条件、工作环境、电

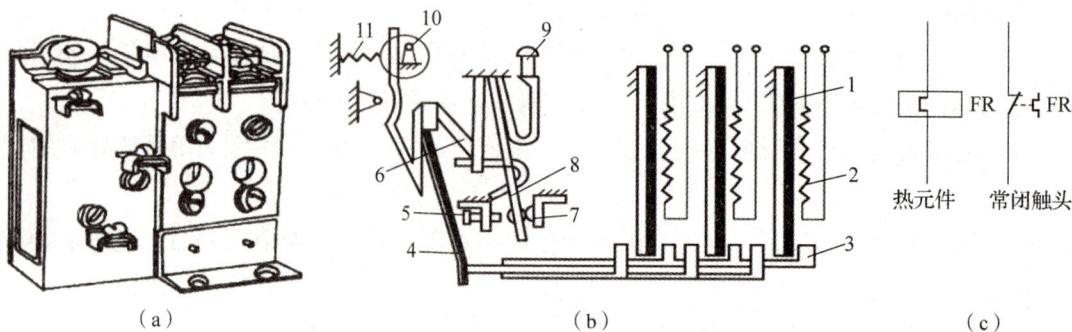

图 4 – 7　JR16 系列热继电器外形、结构及图形符号

1—主双金属片；2—电阻丝；3—导板；4—补偿双金属片；5—复位螺钉；6—锥杆；

7—常闭静触头；8—复位按钮；10—调节凸轮；11—弹簧

动机类型及其运行条件和要求、电动机起动情况及负载情况综合考虑。

（1）热继电器有三种安装方式，即独立安装式、导轨安装式和插接安装式，应按实际安装情况选择其安装方式。

请查阅相关资料，简述低压电器安装方式的变迁原因。

（2）原则上热继电器的额定电流应按电动机的额定电流选择。但对于过载能力较差的电动机，其配用的热继电器的额定电流应适当小些，通常选取热继电器的额定电流为电动机额定电流的 60%～80%。

（3）在不频繁起动的场合，要保证热继电器在电动机起动过程中不产生误动作。当电动机起动电流为额定电流 6 倍及以下，起动时间不超过 5 s 时，若很少连续起动，则可按电动机额定电流选用热继电器。当电动机起动时间较长时，则不宜采用热继电器，而采用过电流继电器作保护。

（4）一般情况下可选用两相结构的热继电器，对于电网电压均衡性较差、无人看管的电动机或与大容量电动机共用一组熔断器时，应选用三相结构的热继电器。对于三角形接法的电动机，应选用带断相保护装置的热继电器。

（5）双金属片式热继电器一般用于轻载、不频繁起动电动机的过载保护。对于重载、频繁起动的电动机，则可用过电流继电器作它的过载和短路保护。

（6）当电动机工作于重复短时工作制时，要注意确定热继电器的允许操作频率，因为热继电器的允许操作频率是很有限的，操作频率较高时，热继电器的动作特性会变差，甚至不能正常工作。对于频繁正反转和频繁通断的电动机，不宜采用热继电器作保护，可选用埋入电动机绕组的温度继电器或热敏电阻来保护。

【思政点】厚积薄发的人生态度和防微杜渐的工作态度：电动机过载运行容易烧毁，轻载工作影响效率，因此最佳状态是满载运行。轻度过载，短时间内对电动机影响不大，但长时间过载便会造成严重后果。在学习过程中，不管是技能积累还是理论学习，同学们应脚踏

实地，慢慢积累，不断巩固，方能在关键时刻厚积薄发，一鸣惊人。同时，在今后工作中，要关注设备、系统的微小故障，及时维护，防微杜渐，挽救损失。

二、三相异步电动机顺序起停控制及实现

在机床的控制电路和自动化生产过程中，常常要求电动机的起停有一定的顺序。例如磨床要求先起动润滑油泵，然后再起动主轴电动机；龙门刨床在工作台移动前，导轨润滑油泵要先起动；自动化生产线中有多条流水线按顺序起动。顺序工作控制电路有顺序起动、同时停止控制电路，有顺序起动、顺序停止控制电路，也有顺序起动、逆序停止控制电路，下面我们逐一来介绍。

1. 两台电动机顺序起动、同时停止

1) 主电路设计实现顺序起动

主电路中实现顺序起动的电路如图 4-8 所示，图 4-8 中电动机 M1、M2 分别由接触器 KM1 和 KM2 控制，但电动机 M2 的主电路接在接触器 KM1 主触头的下方，这样就保证了起动时必须先起动 M1 电动机，只有当接触器 KM1 主触头闭合，M1 电动机起动后再起动 M2 电动机，才能实现 M1 先起动、M2 后起动的控制。具体分析如下：

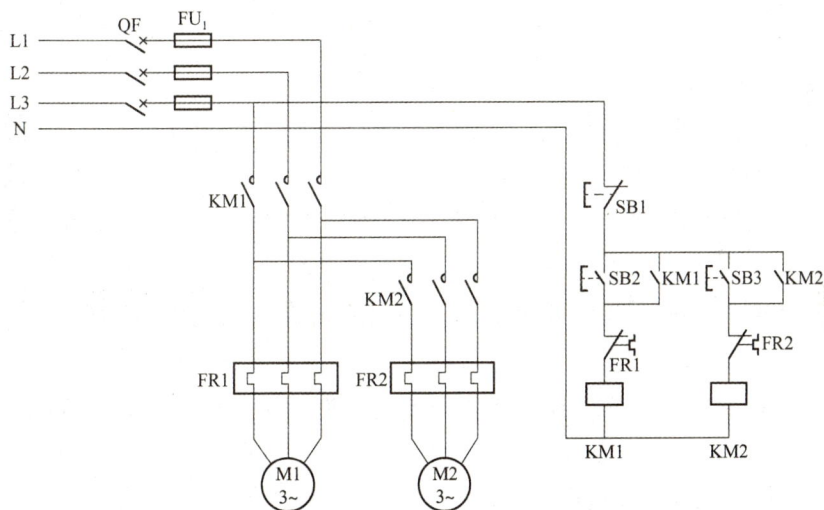

图 4-8 主电路中实现两台电动机顺序起动的电路图

（1）合上 QF，引入电源；

（2）按下 SB2→KM1 线圈得电，常开触头闭合，主触头闭合→电动机 M1 起动运行；

（3）随后按下 SB3→KM2 线圈得电，常开触头闭合，主触头闭合→电动机 M2 起动运行；

（4）按下 SB1→KM1、KM2 线圈失电，电动机 M1、M2 停转。

（5）停止使用时，断开电源开关 QF。

若先按下 SB3，KM2 线圈一样会得电并自锁，但电动机 M2 不会起动运行。该特征使得主电路实现顺序控制的方法应用并不广泛。

【思政点】精益求精的工匠精神：在电气原理图设计中，初始设计的图形往往考虑的不

够全面，存在功能无法全部实现、效率低，存在故障的问题，因此，我们要不断反复思考、修改、完善，秉承精益求精的工匠精神，将电路设计到最好。

2）控制电路设计实现顺序起动

顺序控制也可在控制电路中实现，图4-9所示为两台电动机的顺序起动、同时停止的控制电路。

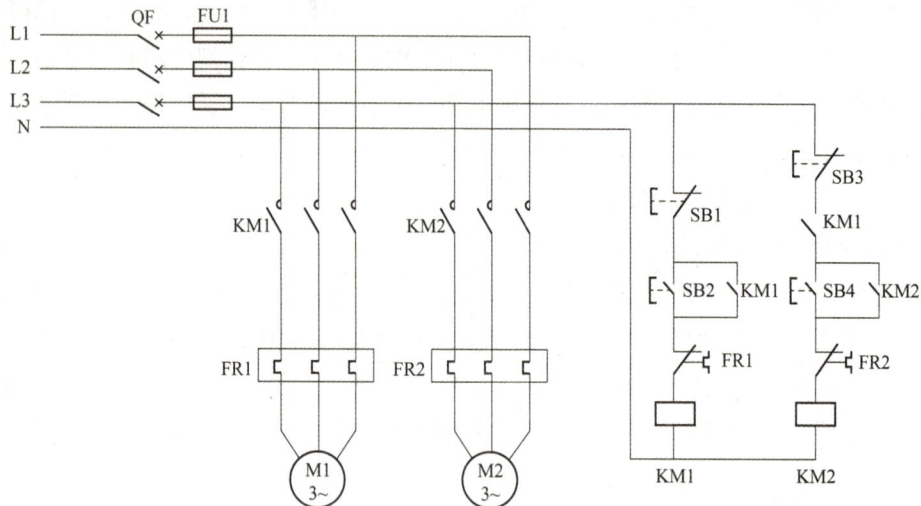

图4-9　顺序起动电路

顺序控制电路工作原理如下：

（1）先闭合电源开关 QF，引入电源；

（2）按下 SB2→KM1 线圈通电并自锁，主触头闭合，常开触头闭合→电动机 M1 起动运转；

（3）按下 SB4→KM2 线圈得电并自锁，主触头闭合→电动机 M2 起动运转；

（4）如果先按下 SB2 按钮，因 KM1 常开辅助触头断开，电动机 M2 不可能先起动，达到按顺序起动电动机 M1、M2 的目的；

（5）按下 SB1，两台电动机同时停止；按下 SB2，则 M2 停止；

（6）停止使用时，断开电源开关 QF。

顺序起动设计技巧：将先起动的接触器的常开触头串接在后起动的接触器线圈电路中，便可实现顺序起动。

2. 两台电动机顺序起动、逆序停止控制

生产机械除要求按顺序起动外，有时还要按一定顺序停止，如带式输送机，前面的第一台输送机先起动，再起动后面的第二台；停车时应先停第二台，再停第一台，这样才不会造成物料在传送带上的堆积和滞留。图4-10所示为顺序起动、逆序停止控制电路，此图是在图4-9的基础上，将接触器 KM2 的常开辅助触头并接在停止按钮 SB1 的两端，即使先按下 SB1，M1 也不能停转，只有先按下 SB3，使 M2 停转后，再按下 SB1，才能使 M1 停转。

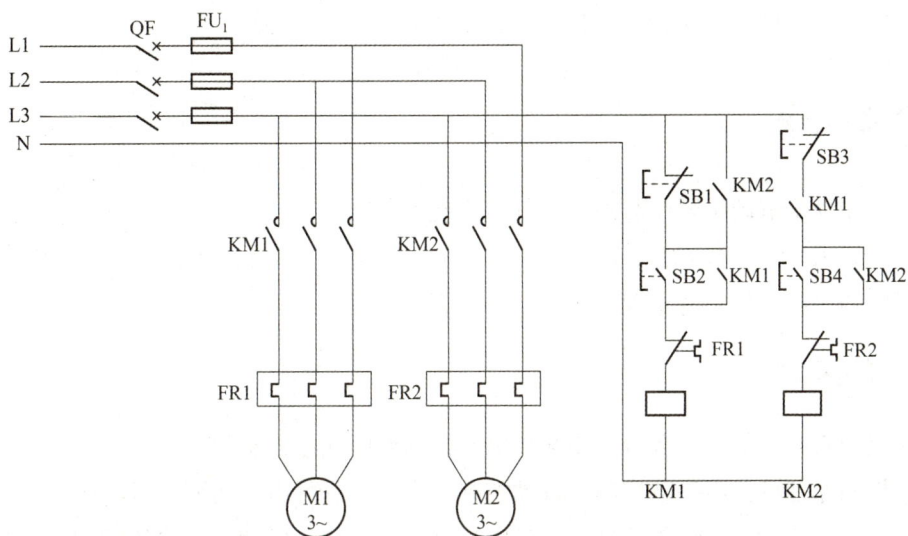

图 4-10 顺序起动、逆序停止电路

逆序停止设计技巧：将先停止的接触器的常开触头并接在后停止的接触器线圈电路的停止按钮旁，便可实现逆序停止。

3. 时间继电器控制电动机自动顺序起停电路

现在工厂对生产的自动化程度要求越来越高。在许多顺序加工、生产等控制中，常常要求有固定的时间间隔，并且能实现自动控制，此时便可用时间继电器来实现。

图 4-11 所示为时间继电器控制的顺序起动电路，接通主电路与控制电路电源，按下起动按钮 SB2，KM1、KT 线圈同时通电并自锁，KM1 主触头闭合，电动机 M1 起动运转，当通电延时型时间继电器 KT 延时时间到时，其延时闭合的常开触头闭合，接通 KM2 线圈电路并自锁，电动机 M2 起动旋转，同时 KM2 常闭辅助触头断开并将时间继电器 KT 线圈电路切断，KT 不再工作，即 KT 仅在起动时起作用。

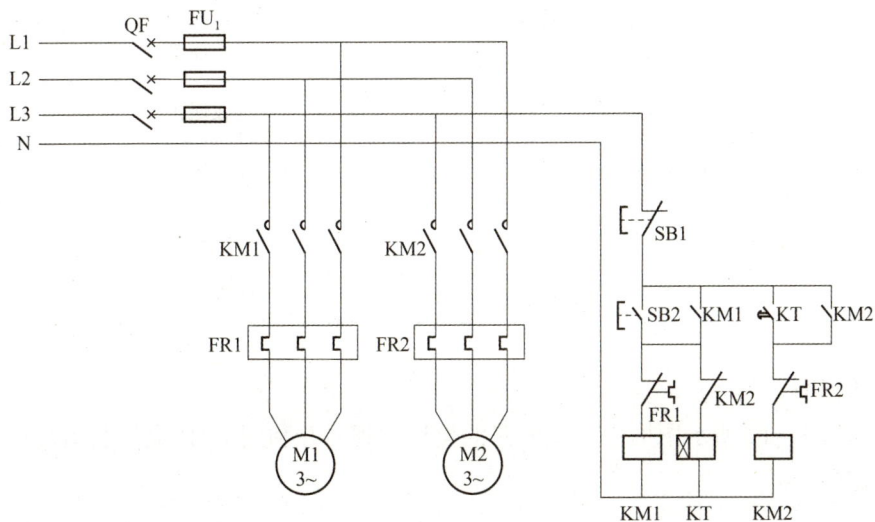

图 4-11 时间继电器控制的顺序起动电路

电路停止时，按下 SB1 断开控制电路，下闸 QF，切断电源。

▲ 任务实施

两台三相异步电动机顺序起停的控制与实现。

本任务要求学生坚持 CDIO（构思→设计→实现→运作）理念为指导，完成两台三相异步电动机的顺序起停控制与实现。

一、任务构思

如何实现对两台甚至是多台三相异步电动机的顺序起停控制呢？

根据控制原理可分为手动控制和自动控制，自动控制可由时间继电器实现，控制思路为按下 M1 起动按钮，KM1 线圈得电，其对应的触头常开闭、常闭开，自锁的同时 M1 得电起动。同时，KT 线圈得电，开始延时，延时一定时间后，使 KM2 线圈得电，从而使得 M2 得电起动。

二、任务设计

1. 材料清单（见表 4-2）

表 4-2 材料清单

类型	名称	数量	作用	备注
设备	三相异步电动机	1	控制对象	
	低压断路器	1	接通电路	
	熔断器	3	短路保护	
	按钮	2	起停控制	
	热继电器	2	过载保护	
	时间继电器	1	延时控制	
	交流接触器	2	自动控制	
材料	导线	若干	连接电路	

2. 仿真设计

请在如图 4-12 所示图框中完成电路的设计过程，并利用 CAD 电气制图模拟软件完成电路的仿真和分析。

材料明细表

序号	符号	名称	型号	数量	单位	备注
6						
5						
4						
3						
2						
1						

职务	签名	子项名称	三相异步电动机顺序起停控制原理图设计		
负责人					
审定		图名	三相异步电动机顺序起停控制原理图		
审核					
校核		比例		图号	2021-2-1
设计		专业	机电、电气		学校
制图		设计年份	2022年		

图 4 – 12　三相异步电动机顺序起停控制原理图

三、任务实现

1. 操作工单（见表 4 – 3）

表 4 – 3　操作工单

学生姓名		班级		成绩	
任务描述	完成两台三相异步电动机顺序起停控制与实现				
任务目标	1. 能掌握两台三相异步电动机顺序起停控制的工作原理； 2. 能正确选择元器件，并正确完成接线； 3. 完成两台三相异步电动机顺序起停控制电路的调试与实现				
设备工具	三相异步电动机；低压断路器、熔断器、按钮、热继电器、时间继电器、交流接触器；连接线、万用表、螺丝刀等				
信息获取	1. 获取时间继电器信息 型号：_____　　　接线方法：_____ 2. 获取热继电器信息 型号：_____　　　接线方法：_____				

学生姓名			班级		成绩	
操作流程	1. 准备工作					
	(1)	设备选择	操作要点和注意事项			
	(2)	材料准备				
	(3)	设备检查				
	2. 两台三相异步电动机顺序起停控制的接线和调试					
	(1)	引进电源，完成电源接线				
	(2)	完成低压断路器、熔断器、交流接触器、按钮、热继电器、时间继电器、电动机等电气设备的接线连接				
	(3)	组内自检、小组互检、教师终检，确定线路的正确性				
	(4)	通电调试、故障排除				
	(5)	教师给予实训最终成绩				
	3. 做好6S管理					
	(1)	收好设备、材料				
	(2)	整理好桌面，保证清洁、整齐				
个人自评	技能操作		团队协作	职业素养	总分	
小组互评	技能操作		团队协作	职业素养	总分	
教师终评	技能操作		团队协作	职业素养	总分	

注：个人自评（25%）、小组互评（25%）和教师终评（50%），从技能操作、团队协作、职业素养三个方面综合考虑，得出最终成绩。

2. 任务分组（见表4-4）

表4-4　两台三相异步电动机顺序起停控制与实现分组分工

组号：　　　　　　　　　　组长：　　　　　　　　　　组长联系方式：

成员：

序号	分工项目	负责人	备注

四、任务运作

1. 任务完成检查

通过个人自检、小组互检、教师终检，确定本次任务是否完成到位。

2. 任务总结与反思

本任务是在掌握三相异步电动机正转起动和时间继电器工作原理的基础上，完成两台三相异步电动机顺序起停控制的接线与调试。本任务逻辑思维简单，引用电磁式时间继电器，其接线较为复杂，电气原理图设计原理可推广使用。在实训中，以小组为单位开展任务，在合作中提交协作能力，学会了宽容和奉献，也培养了责任担当的意识。

任务完成后需撰写实操总结报告，报告可以加深学生对知识点的掌握程度，通过撰写报告可回顾操作过程，提升操作的熟练度，提高学生的技术技能。实操报告包括项目题目、目的、要求、原理图、操作步骤和心得体会等内容，见表4-5。

表4-5　实操总结报告

班级：_____　　　　　　　　姓名：_____

实操项目	
实操目的	

实操项目	
控制要求	
工作原理图	
操作步骤	
心得体会	

3. 任务评价

本任务的评价指标及评价内容在项目评价体系中所占分值、小组评价及教师评价在本项目考核中的比例见表4-6。任课教师对每位学生进行评价，并得出其最后实训成绩，纳入最终的考核成绩。

表4-6 考核评价体系表

班级：_____　　　　　　　姓名：_____

序号	评价指标	评价内容	分值	学习表现（30%）	组内自评（10%）	组间互评（25%）	教师评价（35%）
1	理论知识	是否掌握三相异步电动机顺序起停控制原理	40				
2	实操训练	能否顺利完成接线，团队分工合作，互帮互助	50				
3	答辩	本任务涵盖的知识点是否都比较熟悉	10				
4	最终成绩						

电磁式时间继电器和电子式时间继电器

1. 电磁式时间继电器

电磁式时间继电器一般只用于直流电路，且只能直流断电延时动作。电磁式时间继电器的断电延时可达 $0.2 \sim 10\ s$，调节时间可粗调也可细调。

它利用阻尼的方法来延缓磁通变化的速度，以达到延时的目的，其结构如图 4 - 13 所示。它是在直流电磁式继电器的铁芯上附加一个短路线圈制成的，线圈从电源上断开后，主磁通就逐渐减小，由于磁通的变化，因此在短路线圈中感应出电流。由楞次定律可知，感应电流所产生的磁通是阻止主磁通变化的，因而磁通的衰减速度放慢，延长了衔铁的释放时间。

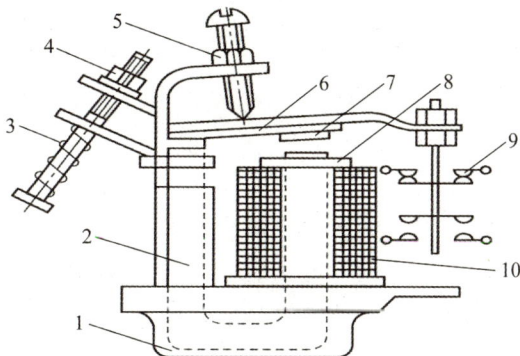

图 4 - 13　电磁式时间继电器的结构原理

1—底座；2—铁芯；3—反力弹簧；4，5—调整螺钉；6—衔铁；7—非磁性垫片；
8—极靴；9—触点系统；10—电磁线圈

电磁式时间继电器延迟时间的调整方法有两种：一是利用非磁性垫片改变衔铁与铁芯间的气隙来粗调；二是调节反作用弹簧的松紧，弹簧越紧，延长越短，反之越长。调节弹簧可使延时时间得到平滑调节，故用于细调。

电磁式时间继电器的延时整定精度不是很高，但继电器本身的适应能力较强。

2. 电子式时间继电器

电子式时间继电器按其结构可分为阻容式和数字式时间继电器，按延时方式分为通电延时型和断电延时型。阻容式时间继电器利用 RC 电路充放电原理构成延时电路。

图 4 - 14 所示为用单结晶体管构成 RC 充放电时间继电器的原理。电源接通后，经二极管整流 VD_1、C_1 滤波及稳压管稳压后的直流电压经 R_{P1} 和 R_2 向 C_3 充电，电容器 C_3 两端电压按指数规律上升。V 导通使得晶闸管 VT 导通，继电器线圈得电，触头动作，从而接通和分断外电路。

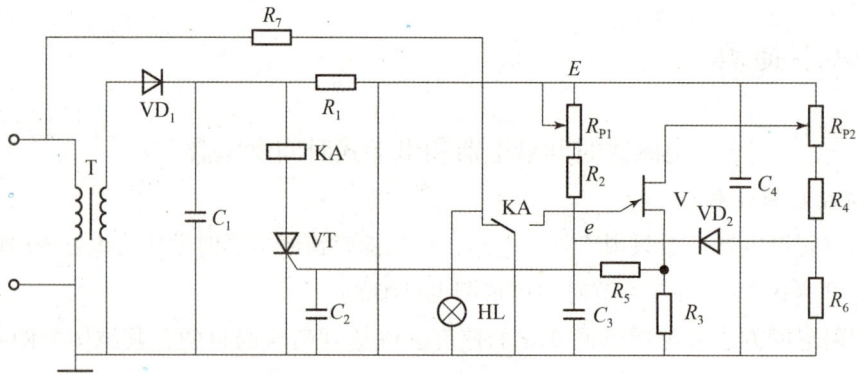

图 4-14 单结晶体管时间继电器的原理

电子式时间继电器主要适合中等延时时间（0.05 s ～ 1 h）的场合，它不但延时长，而且精度更高，延时过程可数字显示，延时方法灵活，具有探索范围广、调节方便、消耗功率小、寿命长等优点，但线路复杂，价格较贵。

课后习题

班级：_____　　　　姓名：_____

一、填空题

1. 时间继电器按延时方式可分为_____和_____。

2. 通电延时时间继电器的延时时间_____设定时间，其对应的触头动作。

3. 热继电器的文字符号为_____，图形符号为_____。

4. 热继电器有三种安装方式，分别为_____、_____和_____。

5. 热继电器安装在温度变化较大的场所，_____可减少温度变化带来的影响。

6. 对于三角形接法的电动机，应选用_____的热继电器。

7. 主电路实现顺序起动控制是将先起动的接触器主触头放在_____路，后起动的接触器主触头放在_____路。

8. 电子式时间继电器的特点有_____。

9. 控制电路实现顺序起动控制是将先起动的接触器常开触头_____接在后起动的接触器电路中。

10. 控制电路实现逆序停止是将先停止的接触器常开触头_____接在后停止的接触器电路的停止按钮旁。

二、选择题

1. 空气阻尼式通电延时型时间继电器的电磁机构翻转（　　）安装，即成为断电延时时间继电器。

A. 90°　　　　　　B. 180°　　　　　　C. 270°　　　　　　D. 360°

2. 时间继电器的文字符号为（　　）。

A. KA　　　　　　B. KF　　　　　　C. FR　　　　　　D. KT

3. 时间继电器选用时首要考虑的因素为（　　）。

A. 额定电流大小　　B. 额定电压大小　　C. 延时类型　　　　D. 触头数量

4. 热继电器在电路中的作用为（　　）。

A. 短路　　　　　　B. 断路　　　　　　C. 过载　　　　　　D. 失压

5. 热继电器的工作原理主要是利用了（　　）现象。

A. 热胀冷缩　　　　B. 吸热放热　　　　C. 通电运行　　　　D. 惯性

6. 对于重载、频繁起动的电动机，则可用（　　）作它的过载和短路保护。

A. 时间继电器　　　B. 电压继电器　　　C. 电流继电器　　　D. 热继电器

7. 热继电器的额定电流应按电动机的额定电流选择。

A. 线路的额定电流   B. 电动机的额定电流

C. 线路运行的最大电流   D. 电动机的过载动作电流

三、多选题

1. 根据动作原理，时间继电器可分为（   ）。

A. 空气阻尼式   B. 电磁式   C. 电动式   D. 电子式   E. 手动式

2. 时间继电器的图形符号包括（   ）。

A. 线圈   B. 瞬动触头   C. 延时触头   D. 主触头   E. 控制触头

3. 空气阻尼式时间继电器的组成结构包括（   ）几个部分。

A. 电磁机构   B. 触头系统   C. 延时机构   D. 灭弧装置   E. 控制系统

4. 热继电器的图形符号主要有（   ）。

A. 线圈   B. 常开触头   C. 常闭触头   D. 主触头   E. 热元件

5. 空气阻尼式时间继电器的特点主要有（   ）。

A. 精度高   B. 精度低   C. 延时范围   D. 延时范围小   E. 价格便宜

6. 时间继电器控制的两台电动机顺序起动控制电路有（   ）保护功能。

A. 短路   B. 断路   C. 过载   D. 失压   E. 欠压

四、判断题

1. 空气阻尼式时间继电器比电磁式时间继电器延时更精准。（   ）

2. 断电延时时间继电器一断电，其常开触头延时一段时间闭合，常闭触头延时一段时间断开。（   ）

3. 对于电源电压波动大的场合，选用空气阻尼式比采用晶体管式好。（   ）

4. 在电源频率波动大的场合，宜采用电动式时间继电器。（   ）

5. 当电动机起动时间较长时，应采用热继电器作过载保护。（   ）

6. 热继电器不可频繁操作。（   ）

五、简答题

1. 简述通电延时型和断电延时型时间继电器的工作原理。

2. 简述热继电器的工作原理。

3. 热继电器有可复位和不可复位之分，其中可复位的应用效果是什么呢？

4. 顺序起动控制在生产生活中有哪些典型的应用？

5. 简要总结主电路中实现两台电动机顺序起动控制的特征，分析其应用较少的原因。

6. 总结两台电动机顺序起动、逆序停止的设计要点。

六、设计题

1. 根据两台三相异步电动机顺序起动的设计原理，完成三台异步电动机顺序起动控制电路的设计。

2. 利用时间继电器，实现以下控制要求：

（1）M1、M2 顺序起动，M1 起动后 M2 才能起动；

（2）M1 起动后 5 s 后 M2 自动起动；

（3）按下停止按钮，M2 先停，M1 后停；

（4）M1 在 M2 停止后 3 s 再停；

（5）电路有短路、过载等保护。

根据控制要求完成电气原理图的设计。

任务五
三相异步电动机
多地点多条件起停控制与实现

工作手册

姓名：_____

工位号：_____

时间：_____

　　家庭用电经常需要实现多处对一盏灯的控制，在工业上也常见到多个地方对一台电动机的控制，这类控制为多地点控制；同时，在某些生产场所，需要多个控制条件同时满足才能实现对电动机的起停控制，这类控制称为多条件控制。本次任务便完成对一台电动机的多地点、多条件的控制原理分析和设计。

☞　　请查阅相关资料，绘制家用两地控制一盏灯亮灭的电路图。

　　本任务通过三相异步电动机多地点、多条件起停控制与实现，使学生了解电流继电器、电压继电器及中间继电器的基本结构、文字符号、图形符号、工作原理等基础知识；掌握一台三相异步电动机在不同地点、不同条件情况下实现多地点、多条件控制的设计方法和技巧；同时，通过对三相异步电动机两地起停控制的接线、分析过程，进一步加深学生对接线逻辑的理解，提高学生对电动机多地控制的设计能力。

　　完成如图 5 - 1 所示两地控制一台电动机起停的电气原理图。

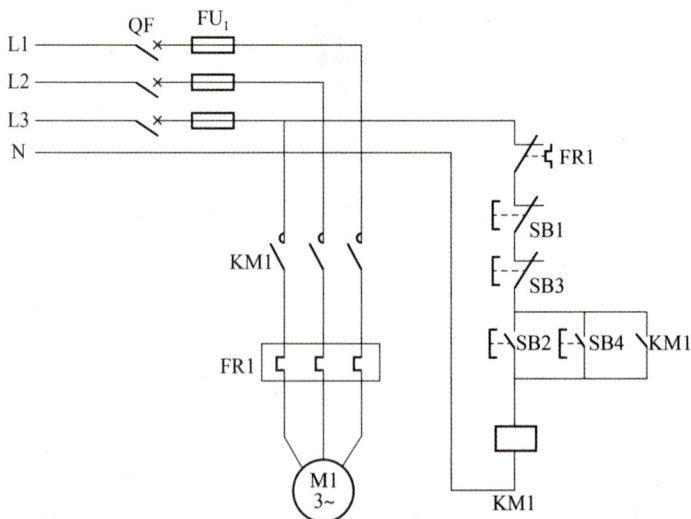

图 5 - 1　三相交流异步电动机两地起停控制电气原理图

任务目标

任务目标见表 5 – 1。

表 5 – 1　任务目标

序号	类别	目标
一	知识点	1. 电流继电器、电压继电器及中间继电器的分类、特点及应用； 2. 三相异步电动机多地点起停控制原理与设计技巧； 3. 三相异步电动机多条件起停控制原理与设计技巧
二	技能点	1. 中间继电器的应用； 2. 三相异步电动机多地点起停控制的安装与实现； 3. 三相异步电动机多条件起停控制的安装与实现
三	职业素养	1. 学生发现问题、分析问题和解决问题的能力； 2. 良好的职业素养； 3. 质量、成本、安全、环保意识； 4. 严谨求真的唯物史观； 5. 责任担当的爱国情怀； 6. 精益求精的工匠精神

任务描述

掌握继电器的结构组成、定义、作用、图形符号和文字符号，掌握三相异步电动机多地点控制的要求，根据任务要求，完成三相异步电动机在两地起停控制的接线和调试。

任务重难点

重点：
1. 掌握常用继电器的定义和应用；
2. 掌握三相异步电动机多地点、多条件起停控制的设计原理。

难点：
1. 掌握中间继电器在电气控制中的作用；
2. 掌握三相异步电动机多地点、多条件起停控制的设计原理和接线方法。

如果将多地点控制电机起动类比为并联逻辑，停止类比为并联逻辑，那多条件控制电动机起动是何逻辑呢？请进行分析讨论。

▲ 思政主题

养成安全用电的意识

根据每年全国火灾事故公布的数据，我们可以看到电气火灾的事故发生率居高不下，常常位居榜首。引起电气火灾的原因主要有漏电、短路、过载、接触电阻过大四种。随着国家经济水平的提高，家家户户都用上了各类家电，工业生产也逐步实现了自动化控制，安全用电概念深入人心，但每年因电引发的事故数量却依旧触目惊心。图 5-2 所示为 2018 年 8 月全国火灾原因分布图。

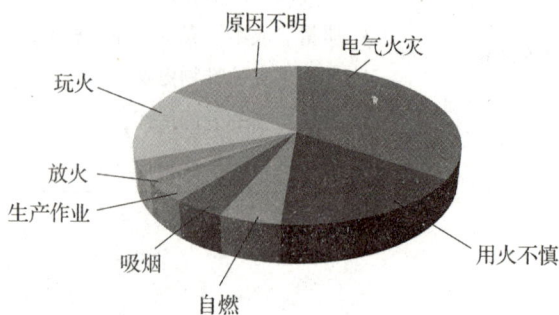

图 5-2　2018 年 8 月全国火灾原因分布图

本课程为电气自动化控制的职业核心课程，是学生应用强电实现自动化控制的基础，为学生掌握自动化控制技术技能提供理论支撑。因此，学生应牢固树立安全意识，合理使用熔断器、电流继电器等保护电器，不仅在实际生产操作中要注意安全用电，而且应在项目设计、安装、调试中牢记安全理念，杜绝漏电、短路、过载、接触电阻过大等电气故障，确保项目投入生产无安全隐患，保障人民的生命财产安全。

知 识链接

一、电流继电器、电压继电器及中间继电器的基础知识

1. 电流继电器

根据线圈中电流大小而动作的继电器称为电流继电器，使用时电流继电器的线圈与被测电路串联，用来反映电流电路的变化。为了使接入继电器线圈后不影响电路的正常工作，其

线圈匝数少、导线粗、阻抗小。电流继电器可分为过电流继电器和欠电流继电器。继电器中的电流高于整定值而动作的继电器称为过电流继电器，常用于电动机的过载及短路保护；低于整定值而动作的继电器称为欠电流继电器，常用于直流电动机磁场控制及失磁保护。电流继电器的实物如图5-3所示。

图5-3　电流继电器的实物

👉 电流继电器应串联在电路中还是并联在电路中呢?

1）过电流继电器

正常工作时，线圈流过负载电流，即便是流过额定电流，衔铁仍处于释放状态，而不被吸合；当流过线圈的电流超过额定负载电流一定值时，衔铁才被吸合动作，从而带动触头动作，常闭触头断开，分断负载电路，起过电流保护作用。通常，交流过电流继电器的吸合电流 $I_0 = (1.1 \sim 3.5)I_N$，直流过电流继电器的吸合电流 $I_0 = (0.75 \sim 3)I_N$。由于过电流继电器在出现过电流时衔铁吸合，其触头用来切断电路，故过电流继电器无释放电流值。过电流继电器的文字和图形符号如图5-4所示。

图5-4　过电流继电器的文字符号和图形符号

2）欠电流继电器

工作正常时，使继电器线圈通过负载额定电流，衔铁吸合；当负载电流降低至继电器释放电流时，衔铁释放，带动触头动作。欠电流继电器在电路中起着欠电流保护作用，所以常将欠电流继电器的常开触头接入电路中，当继电器欠电流释放时，常开触头断开电路起保护作用。

在直流电路中，由于某种原因而引起负载电流的降低或消失，往往会导致严重的后果，如直流电动机的励磁回路电流过小，会使电动机发生超速带来危险，因此在电器产品中有直流欠电流继电器，而对于交流电路则无欠电流保护，也就没有交流欠电流继电器了。

直流欠电流继电器的吸合电流与释放电流调节范围为 $I_0 = (0.3 \sim 0.65)I_N$ 和 $I_r = (0.1 \sim 0.2)I_N$。

欠电流继电器的文字和图形符号如图5-5所示。

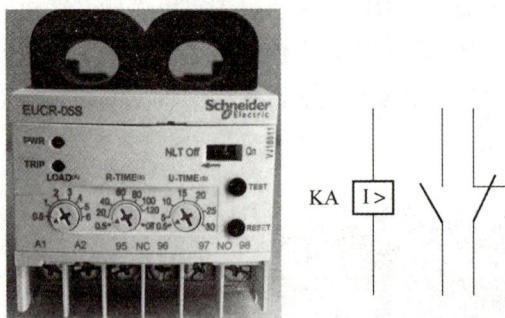

图 5 – 5 欠电流继电器的文字符号和图形符号

【思政点】认真负责的职业态度： 电路设计时要秉承认真、负责的工作态度，及时在电路中合理利用保护器件实现故障保护，确保电路的功能、质量、功耗等满足要求。安全无小事，同学们在电路的设计、安装、调试等过程中应秉承认真、负责的职业态度，避免电气故障的发生。

☞ 通过电流继电器的工作原理可得，欠电流继电器常使用_____触头在电路中，过电流继电器常使用_____触头在电路中。

2. 电压继电器

根据线圈两端电压的大小而动作的继电器称为电压继电器，电磁式电压继电器线圈并联在电路中电源上，用于反映电路电压大小。其触头的工作与线圈电压大小有关，在电力拖动控制系统中起电压保护和控制作用，按吸合电压相对其额定电压大小可分为过电压继电器和欠电压继电器。电压继电器的实物如图 5 – 6 所示。

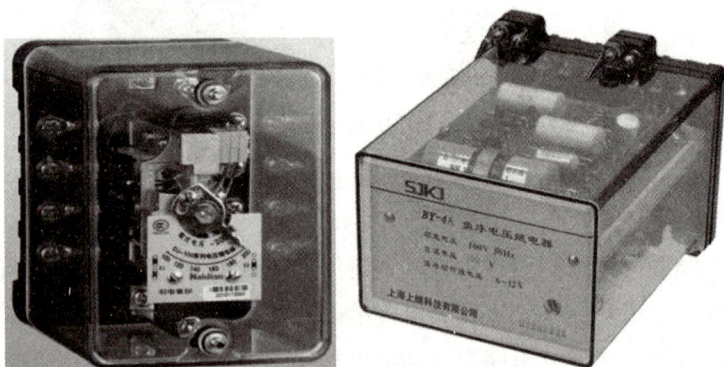

图 5 – 6 电压继电器的实物图

1）过电压继电器

过电压继电器在电路中用于过电压保护。当线圈为额定电压时，衔铁不吸合；当线圈电压高于其额定电压的 1.1 倍以上时，衔铁才吸合。当线圈所接电路电压降低到继电器释放电压时，衔铁才返回释放状态，相应触头也返回到原来状态。所以，过电流继电器释放值小于吸合值，其电压返回系数 $K_v < 1$，规定当 $K_v > 0.65$ 时，称为高返回系数继电器。

由于直流电路一般不会出现过电压，所以产品中没有直流过电压继电器。交流过电压继电器吸合电压调节范围为 $U_0 = (1.05 \sim 1.2)U_N$。过电压继电器的文字符号和图形符号如图 5-7 所示。

2）欠电压继电器

欠电压（或零电压）继电器在电压低于规定值时动作，对电路进行欠电压保护，当线圈电压低于其额定电压值时衔铁就吸合，而当线圈电压很低时衔铁才释放。一般直流欠电压继电器吸合电压 $U_0 = (0.3 \sim 0.5)U_N$，释放电压 $U_r = (0.07 \sim 0.2)U_N$。交流欠电压继电器的吸合电压与释放电压的调节范围分别为 $U_0 = (0.6 \sim 0.85)U_N$，$U_r = (0.1 \sim 0.35)U_N$。由此可见，欠电压继电器的返回系数很小。欠电压继电器的文字和图形符号如图 5-8 所示。

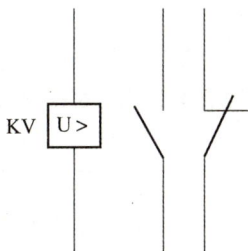

图 5-7　过电压继电器的文字和图形符号　　　　图 5-8　欠电压继电器的文字和图形符号

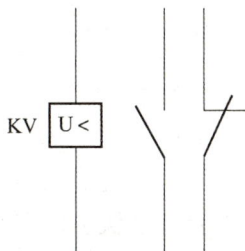

3. 中间继电器

中间继电器本质上是电压继电器，它是用来远距离传输或转换控制信号的中间元件。其输入的是线圈的通电或断电信号，输出的是多对触头的通断动作。因此，它不但可以增加控制信号的数目，实现多路同时控制，而且因为触头的额定电流大于线圈的额定电流，所以还可以用来放大信号。

【作用总结】增加触头数；放大信号；中间转换。

按电磁式中间继电器线圈电压种类不同，可分为直流中间继电器和交流中间继电器两种。有的电磁式直流继电器，更换不同电磁线圈时便可成为直流电压、直流电流及直流中间继电器，若在铁芯柱上套有阻尼套筒，又可成为电磁式时间继电器，因此这类继电器具有"通用"性，故又称为通用继电器。

中间继电器由静铁芯、动铁芯、线圈、触头系统和复位弹簧等组成，其触头对数较多，没有主、辅触头之分，各类触头允许通过的额定电流都是一样的，额定电流多为 5 A，有的为 10 A，吸引线圈的额定电压有 12 V、24 V、36 V、110 V、127 V、220 V、380 V 等多种，可供选择。

中间继电器的实物、文字符号和图形符号如图 5-9 所示。

中间继电器的工作原理与接触器类似，工作原理口诀为：线圈得电时，常开闭、常闭开；线圈失电时，常开开、常闭闭。

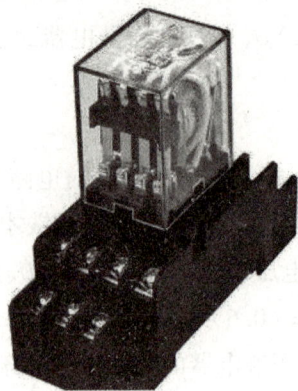

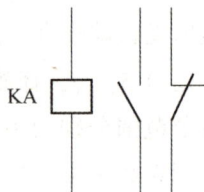

图 5-9　中间继电器的实物、文字符号和图形符号

中间继电器的工作原理与交流接触器相同，那它们之间的区别之处在哪呢？

二、三相异步电动机多地点起停控制与实现

在一些大型设备或自动生产项目上，为了操作方便，常要求操作人员能在两地或多地进行控制操作。多地控制是用多组起动按钮、停止按钮来进行的，这些按钮连接的原则是：起动按钮常开触头要并联，即逻辑"或"的关系；停止按钮常闭触头要串联，即逻辑"与"的关系。

图 5-10 所示为两地联锁控制电路图，电路为简单的"起保停"控制。SB1、SB2 为甲地的起停按钮，SB3、SB4 为乙地的起停按钮。任意按下起动按钮 SB2 或 SB4，电动机起动；任意按下停止按钮 SB1 或 SB3，电动机失电停转。根据两地控制原理可推广至多地控制。

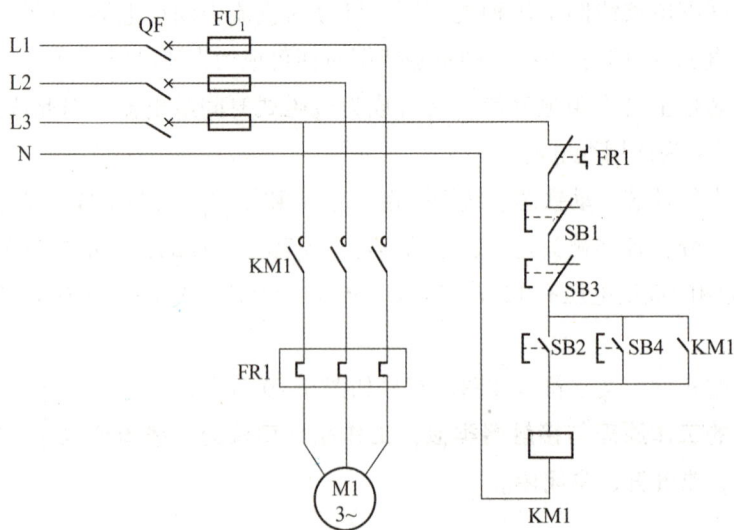

三相异步电动机
多地点控制
与实现

图 5-10　两地联锁控制电气原理图

三、三相异步电动机多条件起停控制与实现

在某些工业生产中，需要多个控制条件同时作用才能实现对电动机的起停控制，这类控制称为多条件控制。多条件与多地点控制原理刚好相反，如两条件控制，起动按钮"串"联，形成"与"逻辑，需要两个按钮同时按下电动机方能起动；停止按钮"并"联，形成"或"逻辑，同样需要两个按钮同时按下电动机方能停止运行。

图5–11所示为两条件联锁控制电路图。SB1、SB2为甲地的起停按钮，SB3、SB4为乙地的起停按钮。同时按下起动按钮SB2和SB4，电动机方能起动；停止时，需同时按下按钮SB1和SB3，电动机方能失电停转。根据两条件控制原理可推广至多条件控制。

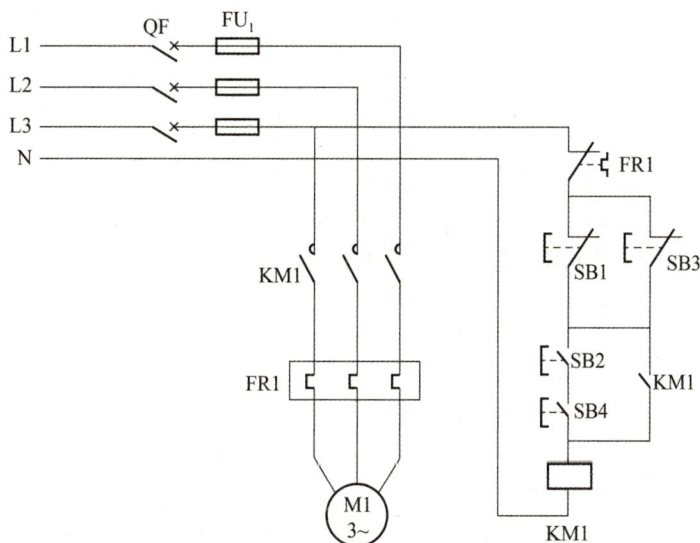

图5–11　两条件联锁控制电气原理图

任务实施

一、任务要求

本任务要求完成三相异步电动机两地的起停控制与实现。

二、材料清单（见表5–2）

表5–2　材料清单

类型	名称	数量	功能	备注
设备	三相异步电动机	1	控制对象	
	低压断路器	1	通断电路	
	熔断器	3	短路保护	

类型	名称	数量	功能	备注
设备	交流接触器	2	自动控制	
	按钮	4	起停控制	
	热继电器	1	过载保护	
材料	导线	若干	两头插接线	

三、任务操作工单（见表5-3）

表5-3　操作工单

学生姓名		班级		成绩	
任务描述	完成三相异步电动机两地起停控制与实现				
任务目标	1. 能分析三相异步电动机两地起停控制原理； 2. 能正确选择元器件，并正确完成接线； 3. 完成三相异步电动机两地起停控制的接线和调试				
设备工具	三相异步电动机；低压断路器、熔断器、按钮、热继电器、交流接触器；连接线、万用表、螺丝刀等				
信息获取	1. 获取交流接触器信息 型号：_____　　　　接线端子：_____ 2. 获取熔断器信息 型号：_____　　　　接线方法：_____ 3. 获取按钮信息 甲地：_____　　　　乙地：_____				
操作流程	1. 准备工作				
	(1)	设备选择	操作要点和注意事项		
	(2)	材料准备			
	(3)	设备检查			
	2. 三相异步电动机两地起停控制接线与调试				
	(1)	引进电源，完成电源接线			
	(2)	完成低压断路器、熔断器、交流接触器、按钮、热继电器、电动机等电器设备的接线连接			

学生姓名			班级		成绩	
操作流程	（3）	组内自检、小组互检、教师终检，确定线路的正确性				
	（4）	通电调试、故障排除				
	（5）	教师给予实训最终成绩				
		3. 做好 6S 管理				
	（1）	收好设备、材料				
	（2）	整理好桌面，保证清洁整齐				
个人自评	技能操作		团队协作	职业素养	总分	
小组互评	技能操作		团队协作	职业素养	总分	
教师终评	技能操作		团队协作	职业素养	总分	

注：个人自评（25%）、小组互评（25%）和教师终评（50%），从技能操作、团队协作、职业素养三个方面综合考虑，得出最终成绩。

四、任务分组（见表 5-4）

表 5-4　相异步电动机两地起停控制与实现分组分工表

组号：　　　　　　　组长：　　　　　　　组长联系方式：

成员：

序号	分工项目	负责人	备注

序号	分工项目	负责人	备注

五、任务运作

1. 任务完成检查

通过个人自检、小组互检、教师终检，确定本次任务是否完成到位。

2. 任务总结与反思

本任务是在掌握电动机长动控制的基础上，完成电动机两地控制的设计、安装和调试，是电动机控制需要掌握的基本技能。本任务在电动机长动控制的基础上，并联了一个起动按钮并串联了一个停止按钮，安装简单，操作难度小。

任务完成后需撰写实操总结报告，报告可以加深学生对知识点的掌握程度，通过撰写报告可回顾操作过程，提升操作的熟练度，提高学生的技术技能。实操报告包括项目题目、目的、要求、原理图、操作步骤和心得体会等内容，见表 5-5。

表 5-5 实操总结报告

班级：_____　　　　　　　　　姓名：_____

实操项目	
实操目的	
控制要求	
工作原理图	
操作步骤	
心得体会	

3. 任务评价

本任务的评价指标和评价内容在项目评价体系中所占分值及小组评价和教师评价在本项

目考核中的比例见表5－6。任课教师对每位学生进行评价，并得出其最后实训成绩，纳入最终的考核成绩。

表5－6 考核评价体系表

班级：＿＿＿＿＿＿＿＿＿＿＿ 姓名：＿＿＿＿＿＿＿＿＿＿＿

序号	评价指标	评价内容	分值	学习表现（30%）	组内自评（10%）	组间互评（25%）	教师评价（35%）
1	理论知识	是否掌握三相异步电动机的工作原理	40				
2	实操训练	能否顺利完成接线，团队分工合作，互帮互助	50				
3	答辩	本任务涵盖的知识点是否都比较熟悉	10				
4	最终成绩						

知识小词典

中间继电器的作用

中间继电器的电磁线圈所用电源有直流和交流两种。在继电保护与自动控制系统中，用来扩展控制触点的数量和增加触点的容量；在控制电路中，用来传递信号（将信号同时传给几个控制元件）和同时控制多条线路。具体来说，中间继电器有以下几种用途。

1. 中间转换

中间继电器在某些场合不仅可以代替小型接触器，而且可以转换触点的类型和触点电压，因此在自动化控制中其应用十分广泛。接触器的价格和体积数倍于中间继电器，但其结构和工作原理与中间继电器十分类似，均是让线圈通电，其触头系统动作，区别在于接触器有主触头，可以控制主电路，而中间继电器只有控制触头，各组触头允许通过的电流大小是相同的，其额定电流约为5 A，只能用于控制电路。但在某些小电流场所，中间继电器可完全代替小型的接触器完成控制。

若中间继电器线圈额定电压为DC 24 V，电路中选用的PLC输出为晶体管输出，但需要控制电动机动作，则可通过控制中间继电器线圈得电，从而通过触头转换控制交流接触器的线圈，达到转换触点类型和电压的作用。中间转换应用电气原理图如图5－12所示。同时，在某些需要相互制约的控制设计中，当两个接触器无法实现直接转换且相互制约时，则可以应用中间继电器进行中间转换，顺利满足客户需求。

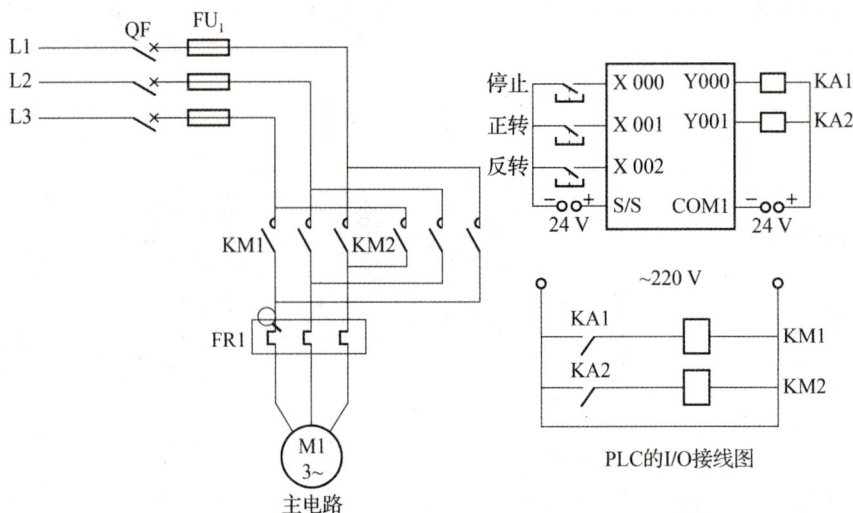

图5-12　中间继电器作转换应用的现代电气原理图

2. 增加触头数，消除干扰

常见的接触器有3对主触头，辅助触头有1~5对，而中间继电器的辅助触头有4~8对。中间继电器的触头数要多于接触器，且价格相较于接触器更实惠，因此在接触器触头数不够用时，可以借用中间继电器来增加触头数。

同时，在一些抗干扰要求高的场合，常利用中间继电器来消除干扰。中间继电器的线圈和触头是物理上的联动控制，是线圈得电吸合衔铁，从而带动触头动作，并不是直接相连，因此可隔离线圈侧和触头侧的直接联系。当利用线圈的通电控制触头动作，从而实现被控对象的得电与失电时，可消除线圈侧带给触头侧的干扰，提高设备的抗干扰性能。

课后习题

班级：_____　　　　　　　　　姓名：_____

一、填空题

1. 在某些生产场所，需要多个控制条件一起作用才能实现对电动机的起停控制，这类控制称为_____。

2. 根据线圈中电流大小而动作的继电器称为_____。

3. 继电器中的电流高于整定值而动作的继电器称为_____。

4. 交流过电流继电器的吸合电流 $I_0 =$ _____ I_N，直流过电流继电器吸合电流 $I_0 =$ _____ I_N。

5. _____ 继电器工作正常时，使继电器线圈通过负载额定电流，衔铁吸合；但负载电流降低至继电器释放电流时，衔铁释放，带动触头动作。

6. 电磁式电压继电器线圈_____在电路中电源上，用于反映电路电压大小。

7. 电压继电器按吸合电压相对其额定电压大小可分为_____和_____。

8. 中间继电器的文字符号为_____，工作原理为_____。

9. 按电磁式中间继电器线圈电压种类不同，可分为_____和_____两种。

10. 中间继电器的线圈得电，其对应的常开触头会_____，常闭触头会_____。

二、选择题

1. 使用时电流继电器的线圈与被测电路（　　　），用来反映电流电路的变化。

A. 串联　　　　　　　　　　　　　　　　B. 并联

C. 可串联、可并联　　　　　　　　　　　D. 无法确定

2. 继电器中的电流低于整定值而动作的继电器称为（　　　）。

A. 过电流继电器　　　　　　　　　　　　B. 欠电流继电器

C. 失压继电器　　　　　　　　　　　　　D. 欠压继电器

3. 根据线圈两端电压的大小而动作的继电器称为（　　　）。

A. 过电流继电器　　　　　　　　　　　　B. 欠电流继电器

C. 过电压继电器　　　　　　　　　　　　D. 欠电压继电器

4. 过电压继电器当线圈电压高于其额定电压的（　　　）倍以上时，衔铁才吸合。

A. 0.9　　　　　　　B. 1.5　　　　　　　C. 2　　　　　　　D. 1.1

5. 电流继电器的文字符号为（　　　）。

A. SA　　　　　　　B. KA　　　　　　　C. KI　　　　　　　D. KV

6. 电压继电器的文字符号为（　　　）。

A. SA　　　　　　　B. KA　　　　　　　C. KI　　　　　　　D. KV

7. 中间继电器本质上为（　　）。

A. 电压继电器　　　　　B. 电流继电器　　　　　C. 时间继电器　　　　　D. 热继电器

8. 起动按钮常开触头若并联，则其为逻辑（　　）的关系。

A. 或　　　　　　　　　B. 与　　　　　　　　　C. 非　　　　　　　　　D. 或非

三、多选题

1. 电流继电器可分为（　　）。

A. 大电流继电器　　　　　　　　B. 小电流继电器

C. 过电流继电器　　　　　　　　D. 欠电流继电器　　　　　E. 低电流继电器

2. 过电流继电器可用于（　　）保护。

A. 断路　　　　B. 短路　　　　C. 过载　　　　D. 失压　　　　E. 欠压

3. 电压继电器包括的图形符号为（　　）。

A. 线圈　　　　　　　　B. 常开辅助触头　　　　C. 常闭辅助触头

D. 主触头　　　　　　　E. 检测元件

4. 中间继电器的作用有（　　）。

A. 增加触头数　　　　　B. 中间转换　　　　　C. 减少干扰

D. 放大信号　　　　　　E. 改变触头类型

5. 中间继电器的结构由（　　）组成。

A. 铁芯　　　　　　　　B. 线圈　　　　　　　C. 衔铁

D. 触头系统　　　　　　E. 灭弧装置

四、简答题

1. 简述中间继电器的定义、结构、文字符号、图形符号和工作原理。

2. 总结中间继电器与接触器之间的区别。

3. 多地点控制一台电动机起停的设计原则是什么？

4. 多条件控制一台电动机起停的设计原则是什么？

五、判断题

1. 为了使接入继电器线圈后不影响电路的正常工作，其线圈匝数多、导线细、阻抗小。（　　）

2. 欠电流继电器正常工作时，线圈流过负载电流，即便是流过额定电流，衔铁仍处于释放状态，而不被吸合。（　　）

3. 电器产品中有直流欠电流继电器，但没有交流欠电流继电器。（　　）

4. 欠电压继电器在电压低于规定值时动作，对电路进行欠电压保护，当线圈电压低于其额定电压值时衔铁就吸合，而当线圈电压很低时衔铁即释放。（　　）

六、设计题

1. 完成三地控制一台电动机的起停，要求有短路、过载等保护。

2. 完成三条件控制一台电动机的起停，要求有短路、过载等保护。

3. 设计电气原理图，要求实现以下功能：

（1）某机床加工设备，能在两地控制其主轴的起停；

（2）按下起动按钮后，主轴电动机正转起动 5 s 后，反转运行 3 s 后停止；

（3）由一冷却泵注射冷却液冷却工件，要求手动控制；

（4）电路有短路、过载等保护功能。

任务六

笼型异步电动机

Y-△降压起动控制与实现

工作手册

姓名：_____

工位号：_____

时间：_____

任务导入

三相异步电动机有两种起动方法，分别为直接起动和降压起动。因直接起动瞬间电流较大，对电网造成很大的冲击，因此较多大功率的电动机采用降压起动。

本任务通过笼型异步电动机丫－△降压起动控制与实现，使学生了解异步电动机降压起动的意义，掌握笼型异步电动机定子绕组串电阻降压起动的设计原理及特点；掌握笼型异步电动机自耦变压器降压起动的设计原理及特点；掌握笼型异步电动机丫－△降压起动的设计原理及特点，并将三种降压起动方法进行对比分析；同时，通过对笼型异步电动机丫－△降压起动的接线、分析过程，进一步加深学生对丫－△降压起动控制原理的理解，提高学生对电动机降压起动的设计掌握能力。

完成如图6－1所示笼型异步电动机丫－△降压起动控制的接线与调试。

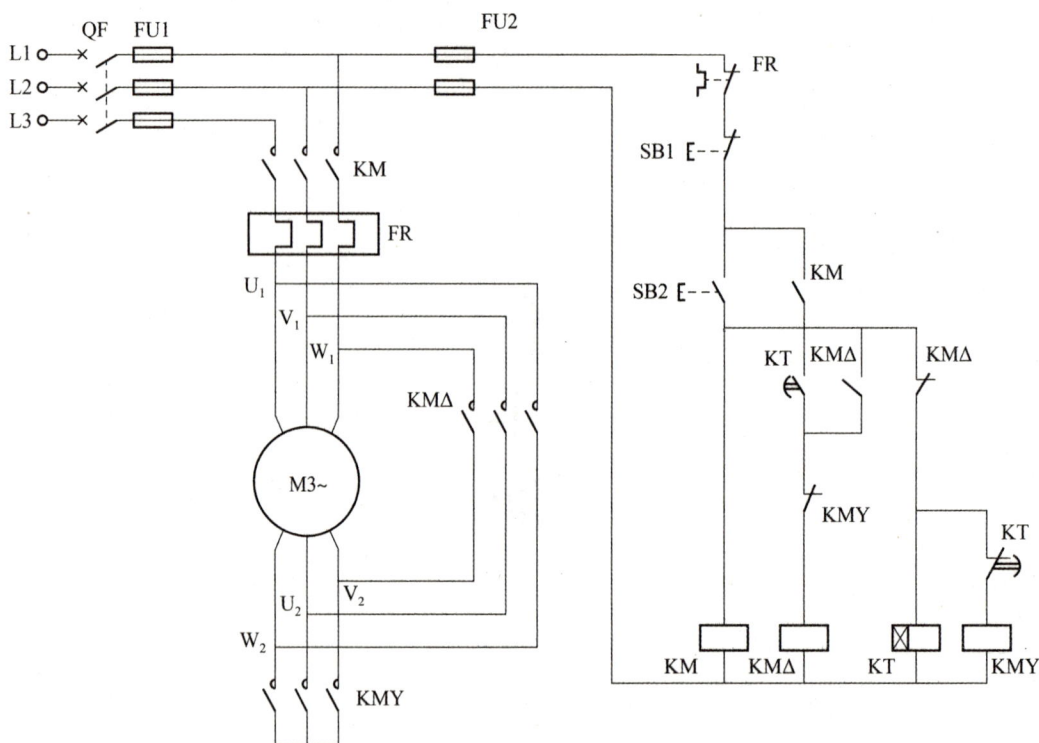

图6－1　笼型异步电动机丫－△降压起动控制电气原理图

任务目标

任务目标见表6－1。

表 6 – 1　任务目标

序号	类别	目标
一	知识点	1. 电动机降压起动的意义和分类； 2. 异步电动机定子绕组串电阻降压起动的设计原理及特点； 3. 笼型异步电动机自耦变压器降压起动的设计原理及特点； 4. 笼型异步电动机Y–△降压起动的设计原理及特点
二	技能点	1. 三种降压起动方法对应电气原理图的设计技巧； 2. 三种降压起动方法的应用场所； 3. 时间继电器控制的笼型异步电动机Y–△降压起动的设计原理
三	职业素养	1. 学生发现问题、分析问题、解决问题的能力； 2. 良好的职业素养； 3. 质量、成本、安全、环保意识； 4. 严谨求真的唯物史观； 5. 责任担当的爱国情怀； 6. 精益求精的工匠精神

任务描述

掌握降压起动的特点和控制原理，在掌握笼型异步电动机Y–△降压起动控制要求的基础上，完成笼型异步电动机Y–△降压起动控制的接线和调试。

任务重难点

重点：

1. 掌握降压起动的特点和控制原理；
2. 笼型异步电动机Y–△降压起动控制的设计原理。

难点：

1. 掌握时间继电器自动控制笼型异步电动机Y–△降压起动的设计原理；
2. 掌握时间继电器自动控制笼型异步电动机Y–△降压起动控制的接线和调试方法。

问题讨论

所有的笼型异步电动机均可以采用Y–△降压起动控制吗？为什么呢？

树立节能减排的理念和能量、成本、环保的意识

2015 年，北京遇到了弥漫半月之久的严重雾霾，恶劣的环境给北京乃至全国人民带来了恐慌，如图 6 - 2 所示。雾霾使得人们出行不便，且严重影响着人民的身心健康，也给国家敲响了警钟。雾霾产生的原因是汽车尾气、工业生产、建筑扬尘等。因此，"节能减排"成为国家能源发展的基本国策。

工业生产需要消耗大量的能源，同时也会产生大量的废水废气。举个例子，一个中型规模的造纸厂，每年的耗电量在 5 亿度左右，需耗费 6 万多 t 标准煤；同时，造纸过程中需使用大量的水，平均 1 t 的纸需水 300 ~ 500 m^3，在造纸废水中含有大量化学药品及其他杂质，如果造纸废水不经处理任意排放，会对水体造成极大的危害。要是在生产中采用先进工艺，减少用电设备、简化生产流程、提高设备的功率因素，即使每天每个企业节省一度电、减少排放 1 m^3 的污水，都将给环境带来巨大的变化。

在本任务降压起动的电路设计中，定子回路串电阻降压起动虽然设计思路简单，但其相对于其他降压电路存在能耗大的缺点，使得该电路应用范围十分有限。经典合格的电气原理图不仅需要满足客户的性能需求，而且还可以在其他方面追求完善完美，如考虑质量、价格和能耗等指标。因此，同学们在今后的工作中，应牢固树立"节能减排"的理念，为中国的环境优化贡献一份力量。

图 6 - 2　北京雾霾

知 识链接

一、三相异步电动机降压起动概述

异步电动机以其优良的性能及简单维护的特点，在各行各业中得到广泛的应用。交流电动机从接入电源开始，转速由零上升到某一稳定转速为止的过程称为起动过程或起动。但其起动时会产生较大冲击电流（一般为额定电流的 4 ~ 7 倍），使负载设备的使用寿命降低。因

此，国家标准规定：当电动机频繁起动时，所造成的压降不宜高于10%；不频繁起动时，压降不高于20%；不频繁起动，且与照明或其他对电压波动敏感的负荷合用变压器时，电动机起动时的电网电压降不能超过15%。目前解决这一问题的办法有两个：一是增大配电容量；二是采用限制电动机起动电流的起动设备或电路。

10 kW 及其以下容量的三相异步电动机，通常采用全压起动，即起动时电动机的定子绕组直接接在额定电压的交流电源上。当电动机容量超过 10 kW 时，因起动电流较大，线路压降大，负载端电压降低，影响起动电动机附近电气设备的正常运行，所以一般采用降压起动，从而限制电动机的起动电流。

所谓降压起动，是指起动时降低加在电动机定子绕组上的电压，待电动机起动完成后再将电压恢复到额定值，使之运行在额定电压下。典型的降压起动方式有定子串电阻降压起动、自耦变压器降压起动、丫－△降压起动、软起动器降压起动、延边三角形降压起动等。任何一个降压起动均是一个短暂的过程，在设计时应切记"降压起动，全压运行"的原则。

应用最为广泛的降压起动方法为丫－△降压起动。

👉 请总结电动机降压起动的目的。

二、笼型异步电动机定子绕组串电阻降压起动控制

定子绕组串电阻起动是指在电动机起动时，把电阻串接在电动机定子绕组与电源之间，通过电阻的分压作用来降低定子绕组上的起动电压。待电动机起动后，再将电阻短接，使电动机在额定电压下正常运行。常见的控制电路有手动控制、自动控制和手动自动混合控制等，下面以自动控制为例进行介绍，如图 6-3 所示。

降压起动概述

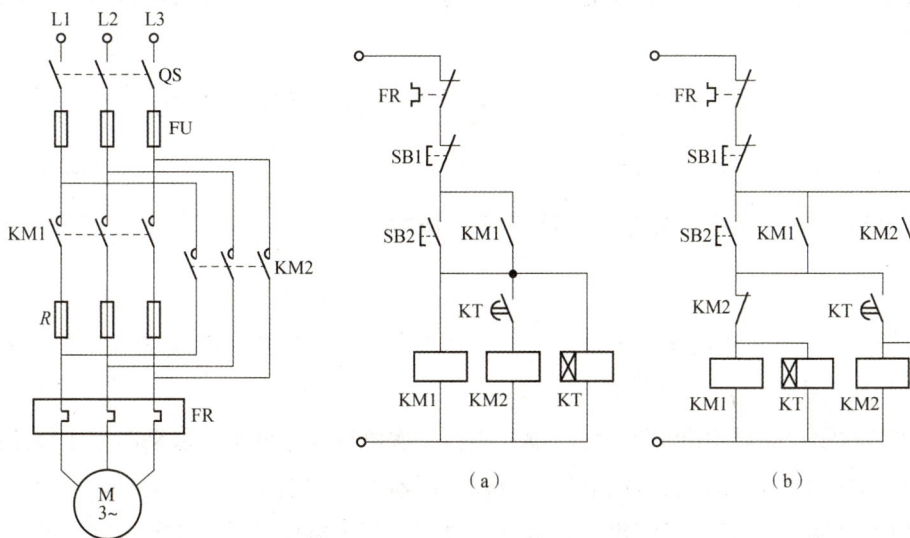

图 6-3　笼型异步电动机定子绕组串电阻降压起动控制

定子绕组串电阻起动电路工作原理如下：

1. 主电路分析

（1）先合上电源开关 QS，引入电源。

（2）若 KM1 主触头闭合，则电动机的定子绕组串电阻降压起动。

（3）若 KM2 主触头闭合，则电动机直接引入电源，实现全压运行。

2. 控制电路分析

（1）图 6-3（a）所示控制电路分析。

按下 SB2→KM1 线圈得电→KM1 自锁触头闭合自锁→KM1 主触头闭合→电动机 M 串电阻 R 降压起动→KT 线圈得电→KT 常开触头延时闭合→KM2 线圈得电→KM2 主触头闭合，电阻 R 短接→电动机进入全压运行（KM1、KM2、KT 全部得电）。

（2）图 6-3（b）所示控制电路分析。

按下 SB1→KM1 线圈得电→KM1 自锁触头闭合自锁→KM1 主触头闭合→电动机 M 串电阻 R 降压起动→KT 线圈得电→KT 常开触头延时闭合→KM2 线圈得电，KM2 自锁触头闭合自锁，KM2 主触头闭合，R 短接→KM2 常闭触头分断→KM1 线圈失电，KM1 的触头全部复位分断→KT 线圈失电→KT 常开触头瞬时分断→电动机进入全压运行（KM2 得电）

停止时：按下停止按钮 SB2→控制电路失电，KM1（或 KM2）主触头分断→电动机 M 失电停转。

对比图 6-3（a）和图 6-3（b），虽均通过时间继电器实现自动转换，但可得出图 6-3（b）设计理念更好，最终全压运行只有交流接触器 KM2 得电，KM1 和 KT 全部失电，可降低电路能耗，延长电器使用寿命。

【思政点】心怀感激、无私奉献的美好品质：在电气设计中，遇到只需使用一段时间后就不再需要的低压电器，比如时间继电器、中间继电器等，应及时断开，以延长其使用寿命和节约电能。虽然设计时要牢记及时断开不用的电器，但做人可不能过河拆桥，要养成心怀感激、无私奉献的美好品质。

☞ 定子绕组串电阻降压起动在实际中应用并不广泛，请探讨其原因。

三、笼型异步电动机自耦变压器降压起动控制

自耦变压器的绕组是一次侧和二次侧在同一条绕组上的变压器，原、副绕组直接串联，自行耦合的变压器又称单绕组变压器。自耦变压器为降压变压器，因其仅有一个绕组，所以体积相对于其他绕组较小，适合实验使用。

电动机自耦变压器降压起动是将自耦变压器一次侧接在电网上，起动时定子绕组接在自耦变压器二次侧上，电动机获得的电压为自耦变压器的二次电压，待电动机转速接近电动机额定转速时，再将电动机定子绕组接在电网即电动机额定电压上进入正常运转。这种降压起动适用于较大容量电动机的空载或轻载起动。自耦变压器二次绕组一般有三个抽头，用户可

根据电网允许的起动电流和机械负载所需的起动转矩来选择。

图 6 - 4 所示为自耦变压器降压起动电路图，图中 KM1 为降压起动接触器，KM2 为全压运行接触器，KA 为中间继电器，KT 为降压起动时间继电器，HL1 为电源指示灯，HL2 为降压起动指示灯，HL3 为正常运行指示灯。

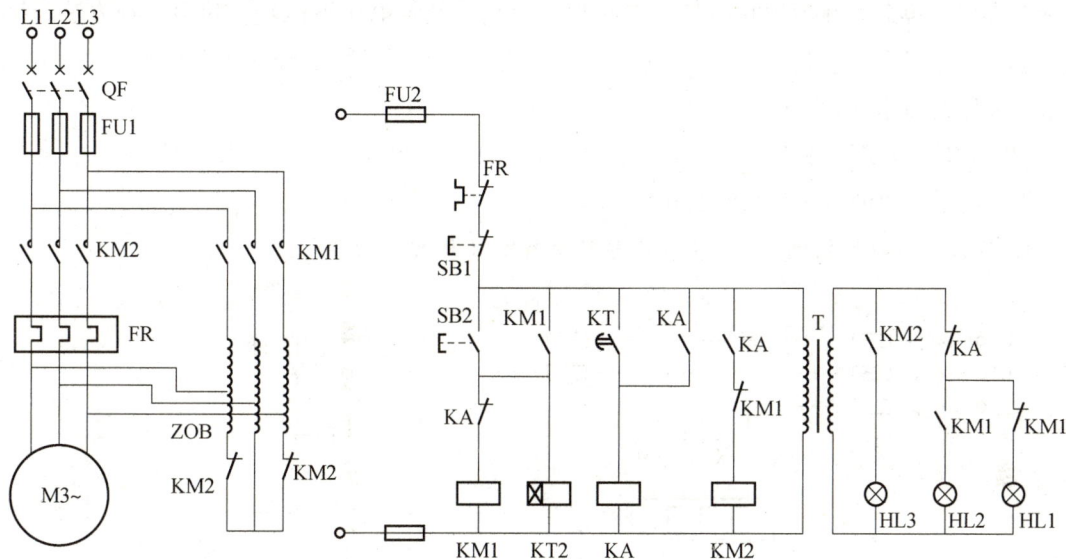

图 6 - 4　笼型异步电动机自耦变压器降压起动控制

电路工作原理如下：

1. 主电路分析

（1）先合上电源开关 QF，引入电源。

（2）若 KM1 主触头闭合，则电动机接入自耦变压器降压起动。

（3）若 KM2 主触头闭合，则电动机直接引入电源，实现全压运行。

（4）KM1 与 KM2 不可同时得电。

2. 控制电路分析

合上电源开关，HL1 灯亮，表明电源电压正常；按下起动按钮 SB2，KM1 线圈得电自锁，KT 线圈得电，KM1 主触头闭合自耦变压器接入，电动机由自耦变压器二次电压供电作降压起动，同时指示灯 HL1 灭、HL2 亮，显示电动机正进行降压起动，当电动机转速接近额定转速时，时间继电器 KT 通电延时常开触头闭合，使 KA 线圈通电并自锁，其常闭触头断开 KM1 线圈电路，KM1 线圈断电释放，将自耦变压器从电路切除；KA 的另一对常闭触头断开，HL2 指示灯灭，KA 的常开触头闭合，使 KM1 的线圈通电吸合，电源电压全部加在电动机定子上，电动机在额定电压下进入正常运转，同时 HL3 指示灯亮，表明电动机降压起动结束。由于自耦变压器星形连接部分的电流为自耦变压器一、二次电流之差，故用 KM2 的辅助触头来连接。

停止时：按下停止按钮 SB1→控制电路失电，KM1（或 KM2）主触头分断→电动机 M 失电停转。

四、笼型异步电动机丫-△降压起动的控制与实现

如果电动机在正常运转时用三角形连接，则起动时先把它改成星形，使加在绕组上的电压降低到额定值为 $1/\sqrt{3}$，因而起动电流减小（起动电流为三角形接法的 1/3）。待电动机的转速升高后，再通过开关把它改接成三角形，使它在额定电压下运转。利用这种方法起动时，起动转矩只有直接起动的 1/3，所以用这种起动方法只适用于轻载或空载下起动，常见的起动线路有以下几种。

【"1+X"证书】考点：三相异步电动机接成△形，电动机的电压为交流 380 V；若接成丫形，则电动机的电压为交流 220 V。

1. **按钮、接触器控制丫-△降压手动起动电路**（见图 6-5）。

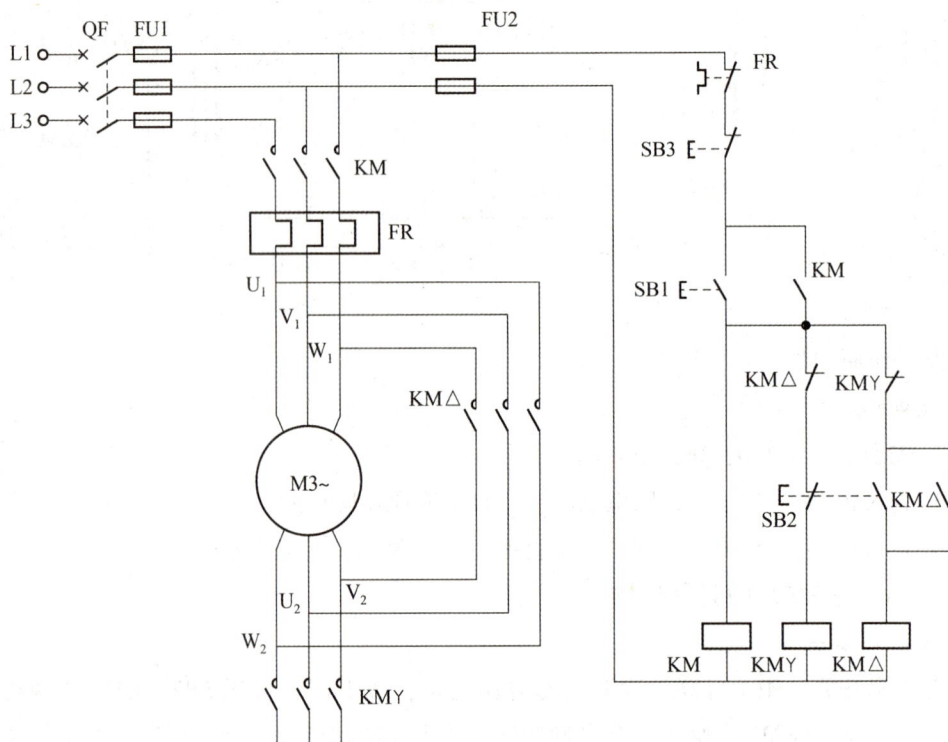

图 6-5　按钮、接触器控制丫-△降压手动起动电路

丫-△降压手动起动电路工作原理如下：

1）主电路分析

（1）先合上电源开关 QF，引入电源。

（2）若 KM 和 KM丫主触头闭合，则电动机接成丫形，电动机丫形降压起动。

（3）若 KM 和 KM△主触头闭合，则电动机接成△形，实现全压运行。

（4）KM丫与 KM△不可同时得电，否则电路发生电源短路故障。

2）控制电路分析

按下 SB1→KM、KM丫线圈得电→KM 自锁触头闭合自锁，KM丫常闭触头断开→KM 主

触头闭合，KM丫主触头闭合→电动机接成丫形降压起动→按下复合按钮 SB2，其触头常闭先开常开后闭→KM丫线圈失电，常闭触头恢复常闭，主触头失电→KM△线圈得电，常开触头闭合自锁，常闭触头断开，主触头闭合→电动机接成△形全压运行。

停止时：按下停止按钮 SB3→控制电路失电 KM1（或 KM2）主触头分断→电动机 M 失电停转。

丫－△起动的优点是起动设备的费用小，在起动过程中没有电能损失。

2. 时间继电器自动控制的丫－△降压起动电路

图 6－6 所示为时间继电器自动控制丫－△降压起动电路，适用于 125 kW 及以下的三相笼型异步电动机丫－△降压起动和停止的控制。该电路由交流接触器 KM、KM丫、KM△，热继电器 FR，时间继电器 KT，按钮 SB1、SB2 等元件组成，具有短路保护、过载保护和失压保护等功能。

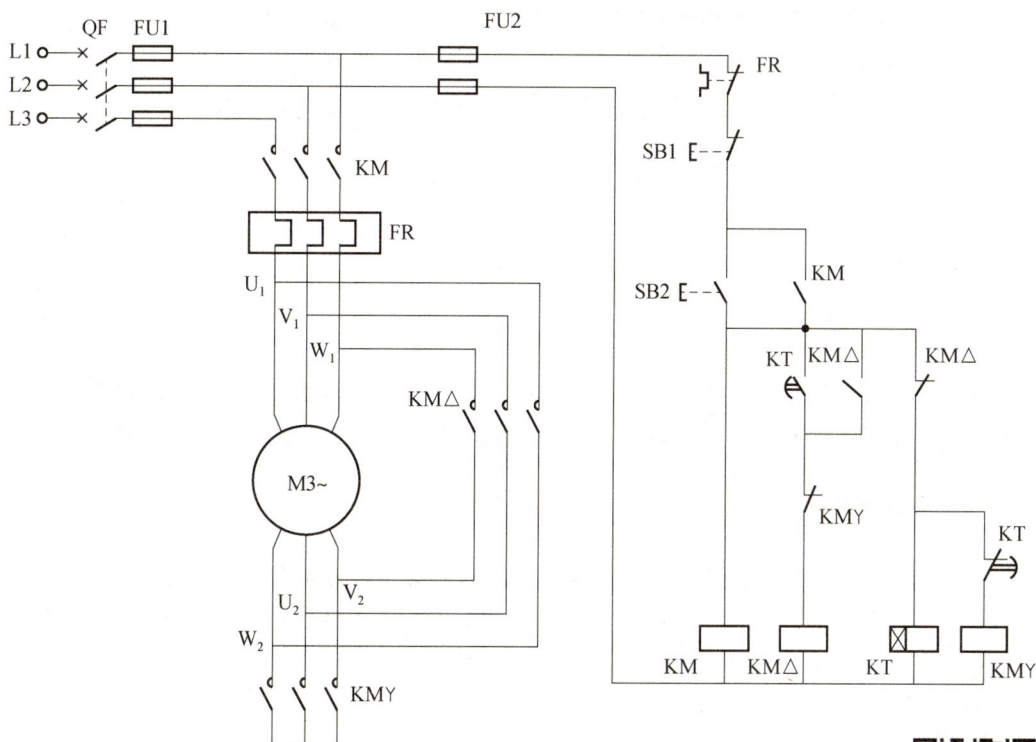

图 6－6 时间继电器控制丫－△降压自动起动电路

时间继电器自动控制丫－△降压起动电路工作原理如下：

1）主电路分析

（1）先合上电源开关 QF，引入电源。

（2）若 KM 和 KM丫主触头闭合，则电动机接成丫形，电动机丫形降压起动。

（3）若 KM 和 KM△主触头闭合，则电动机接成△形，实现全压运行。

（4）KM2 与 KM3 不可同时得电，否则电路发生电源短路故障。

2）控制电路分析

按下 SB2→KM、KT、KMY 线圈得电→KM 自锁触头闭合自锁，KMY 常闭触头断开，时间继电器延时→KM 主触头闭合，KMY 主触头闭合→电动机接成Y形降压起动→延时时间一到，KT 常闭触头断开、常开触头闭合→KMY 线圈失电，常闭触头恢复常闭，主触头失电→KM△ 线圈得电，常开触头闭合自锁，常闭触头断开，主触头闭合→电动机接成△形全压运行。

停止时：按下停止按钮 SB1→控制电路失电 KM（或 KM△）主触头分断→电动机 M 失电停转。

☞ KMY 和 KM△ 常闭触头串在对方电路中，作用为＿＿＿＿＿＿＿＿＿＿。

【思政点】培养举一反三，融会贯通的能力：三相异步电动机的降压起动都遵循"降压起动、全压运行"的原则，在设计过程中，要求基本上是顺序控制，只不过有制约与无须制约的区别，因此同学们在分析和设计过程中应学会举一反三、融会贯通。

【竞赛技能点】在职业技能竞赛中，Y-△降压起动时常被考到。在现代电气控制系统设计中，只需设计出主电路并完成接线，而控制电路用 PLC 来代替，以减少接线带来的接触不良问题。

任务实施

时间继电器自动控制的笼型异步电动机Y-△降压起动。

本任务要求学生坚持 CDIO（构思→设计→实现→运作）理念为指导，完成时间继电器自动控制的笼型异步电动机Y-△降压起动的控制与实现。

一、任务构思

如何利用时间继电器实现对笼型异步电动机Y-△降压起动的控制呢？

根据通电延时时间继电器的工作原理，在手动控制的基础上，完成时间继电器自动控制的笼型异步电动机Y-△降压起动的安装与调试。

二、任务设计

1. 材料清单（见表 6-2）

表 6-2 设备清单

类型	名称	数量	功能	备注
设备	三相异步电动机	1	控制对象	
	低压断路器	1	接通断开电路	
	熔断器	5	短路保护	

类型	名称	数量	功能	备注
设备	按钮	2	控制电路	
	热继电器	1	过载保护	
	交流接触器	3	自动控制	
	时间继电器	1	延时控制	
材料	导线	若干	连接电路	

2. 仿真设计

请在如图 6 - 7 所示图框中完成电路的设计过程，并利用 CAD 电气制图模拟软件完成电路的仿真和分析。

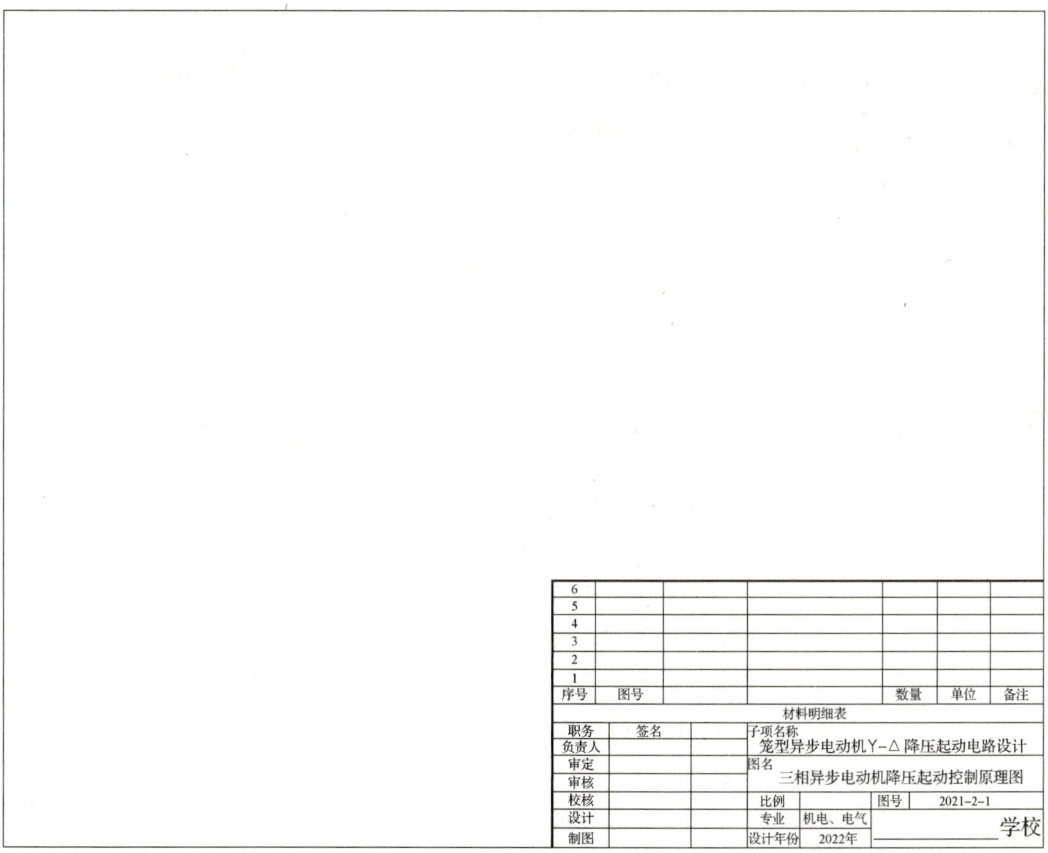

6					
5					
4					
3					
2					
1					
序号	图号			数量	单位	备注

材料明细表

职务	签名	子项名称		
负责人		笼型异步电动机 丫-△ 降压起动电路设计		
审定		图名		
审核		三相异步电动机降压起动控制原理图		
校核		比例		图号	2021-2-1
设计		专业	机电、电气		学校
制图		设计年份	2022年		

图 6 - 7 时间继电器自动控制的笼型异步电动机 丫-△ 降压起动电路设计

三、任务实现

1. 操作工单（见表 6 - 3）

表 6 – 3　操作工单

学生姓名		班级		成绩	
任务描述	完成时间继电器自动控制的笼型异步电动机丫–△降压起动				
任务目标	1. 能分析笼型异步电动机丫–△降压起动控制原理； 2. 能正确选择元器件，并正确完成接线； 3. 完成时间继电器自动控制的笼型异步电动机丫–△降压起动的调试与实现				
设备工具	三相异步电动机；低压断路器、熔断器、按钮、热继电器、交流接触器、时间继电器；连接线、万用表、螺丝刀等。				
信息获取	1. 获取交流接触器信息 型号：_____　　　　　　　　　接线端子：_____ 2. 获取时间继电器信息 型号：_____　　　　　　　　　接线方法：_____				

操作流程	1. 准备工作			
	(1)	设备选择	操作要点和注意事项	
	(2)	材料准备		
	(3)	设备检查		
	2. 笼型异步电动机丫–△降压起动控制的接线和调试			
	(1)	引进电源，完成电源接线		
	(2)	完成刀开关、熔断器、交流接触器、按钮、热继电器、时间继电器、电动机等设备电器的接线连接		
	(3)	组内自检、小组互检、教师终检，确定线路的正确性		
	(4)	通电调试、故障排除		
	(5)	教师给予实训最终成绩		
	3. 做好 6S 管理			
	(1)	收好设备、材料		
	(2)	整理好桌面，保证清洁、整齐		

学生姓名			班级		成绩	
个人自评	技能操作	团队协作	职业素养		总分	
小组互评	技能操作	团队协作	职业素养		总分	
教师终评	技能操作	团队协作	职业素养		总分	

注：个人自评（25%）、小组互评（25%）和教师终评（50%），从技能操作、团队协作、职业素养三个方面综合考虑，得出最终成绩。

做完实训，请同学复盘整个实训过程。

➤ 是否完成接线＿＿＿＿＿＿＿＿＿＿＿＿＿＿＿＿＿＿＿＿＿

➤ 功能是否实现＿＿＿＿＿＿＿＿＿＿＿＿＿＿＿＿＿＿＿＿＿

➤ 存在的问题＿＿＿＿＿＿＿＿＿＿＿＿＿＿＿＿＿＿＿＿＿＿

➤ 原因剖析＿＿＿＿＿＿＿＿＿＿＿＿＿＿＿＿＿＿＿＿＿＿＿

2. 任务分组（见表6－4）

表6－4　笼型异步电动机 Y－△降压起动控制接线和调试分组分工表

组号：　　　　　　　组长：　　　　　　　组长联系方式：

成员：

序号	分工项目	负责人	备注

四、任务运作

1. 任务完成检查

通过个人自检、小组互检、教师终检，确定本次任务是否完成到位。

2. 任务总结与反思

本任务是在掌握异步电动机Y－△降压起动控制原理的基础上，完成时间继电器自动控制的电动机Y－△降压起动控制的接线，是电动机降压起动必备的控制技能。本任务设备多，接线复杂，操作难度大。

任务完成后需撰写实操总结报告，报告可以加深学生对知识点的掌握程度，通过撰写报告可回顾操作过程，提升操作的熟练度，提高学生的技术技能。实操报告包括项目题目、目的、要求、原理图、操作步骤和心得体会等内容，见表6－5。

表6－5　实操总结报告

班级：＿＿＿＿＿＿＿＿＿　　　　　　　　姓名：＿＿＿＿＿＿＿＿＿

实操项目	
实操目的	
控制要求	
工作原理图	
操作步骤	
心得体会	

3. 任务评价

本任务的评价指标和评价内容在项目评价体系中所占分值及小组评价、教师评价在本项目考核中的比例见表6－6。任课教师对每位学生进行评价，并得出其最后实训成绩，纳入最终的考核成绩。

表 6 - 6　考核评价体系表

班级：_____　　　　　　　　姓名：_____

序号	评价指标	评价内容	分值	学习表现（30%）	组内自评（10%）	组间互评（25%）	教师评价（35%）
1	理论知识	是否掌握三相异步电动机的工作原理	40				
2	实操训练	能否顺利完成接线，团队分工合作，互帮互助	50				
3	答辩	本任务涵盖的知识点是否都比较熟悉	10				
4	最终成绩						

知识小词典

软起动器降压起动原理

1. 软起动器的定义

软起动器是一种集电机软起动、软停车、轻载节能和多种保护功能于一体的电机控制装置，不仅可实现在整个起动过程中无冲击而平滑的起动，而且可根据电机负载的特性来调节起动过程中的参数，如限流值、起动时间等。

软起动器的主要构成是串接于电源与被控电机之间的三相反并联闸管及其电子控制电路。运用不同的方法，控制三相反并联闸管的导通角，使被控电机的输入电压按不同的要求而变化，即可实现不同的功能。软起动器和变频器是两种完全不同用途的产品，变频器用于需要调速的地方，其输出不但会改变电压，同时会改变频率；软起动器实际上是个调压器，用于电机起动时，输出只改变电压而没有改变频率。变频器具备所有软起动器功能，但它的价格比软起动器贵得多，结构也复杂得多。

2. 软起动器的工作原理

三相交流异步电动机的起动转矩直接与所加电压的平方成正比，只要降低电动机接线端子上的电压就会影响这些值。

软起动器的工作原理是通过控制串接于电源与被控电机之间的三相反并联晶闸管的导通角，使电机的端子电压从预先设定的值上升到额定电压。

3. 软起动器起动的特点

(1) 能使电机起动电压以恒定的斜率平稳上升，起动电流小，对电网无冲击电流，减小负载的机械冲击。

（2）起动电压上升斜率可调，保证了起动电压的平滑性，起动电压可依据不同的负载在 $30\%U_e \sim 70\%U_e$（U_e 为额定电压）范围内连续可调。

（3）可以根据不同的负载设定起动时间。

（4）起动器还具有可控硅短路保护、缺相保护、过热保护和欠压保护。

课后习题

班级：_____   姓名：_____

一、填空题

1. 典型的降压起动方法有_____、_____和_____三种。

2. 当电动机的功率小于_____时，可采用直接起动。

3. 直接起动的起动电流为_____倍额定电流。

4. 国家标准规定，当电动机频繁起动时，所造成的压降不宜低于_____；不频繁起动时，压降不低于_____。

5. 解决电动机起动电流过大的方法有_____和_____。

6. 三相异步电动机串电阻降压起动最大的不足为_____。

二、选择题

1. 当电动机的功率大于（   ）时，需采用降压起动。

A. 10 kW   B. 20 kW   C. 30 kW   D. 40 kW

2. 自耦变压器为（   ）。

A. 升压变压器   B. 降压变压器

C. 即可升压也可降压   D. 无法确定

3. 根据绕组数量分类，自耦变压器为（   ）。

A. 单绕组变压器   B. 双绕组变压器

C. 三绕组变压器   D. 多绕组变压器

4. 三相异步电动机功率在（   ）时宜采用丫形接法。

A. 3 kW 以上   B. 3 kW 以下

C. 10 kW 以上   D. 10 kW 以下

5. 应用最为广泛的降压起动方法为（   ）。

A. 定子回路串电阻降压起动   B. 自耦变压器降压起动

C. 丫－△降压起动   D. 沿边三角形降压起动

6. 三相异步电动机接成△形运行的电压为（   ）。

A. 24 V DC   B. 220 V AC

C. 380 V AC   D. 400 V AC

7. 三相异步电动机接成丫形的电流为三角形电流的（   ）倍。

A. $\sqrt{3}$ B. $1/\sqrt{3}$ C. 3   D. 1/3

8. 三相异步电动机接成△形的电压为丫形电压的（   ）倍。

A. $\sqrt{3}$ B. $1/\sqrt{3}$ C. 3   D. 1/3

三、多选题

1. 电动机起动的方法有（　　　）。

A. 按钮起动　　　B. 手动起动　　　C. 自动起动　　　D. 直接起动　　　E. 间接起动

2. 在电气原理图中，辅助电路包括（　　　）。

A. 主电路　　　B. 控制电路　　　C. 指示电路　　　D. 照明电路　　　E. 信号电路

3. 典型的降压起动方法有（　　　）。

A. 串电阻降压起动　　　　　　　B. Y－△降压起动

C. 自耦变压器降压起动　　　　　D. 反接控制降压起动

E. 软起动器降压起动

四、简答题

1. 简述三相异步电动机起动的定义。

2. 简述直接起动存在的问题。

3. 简述自耦变压器降压起动控制电路中采用中间继电器的作用。

五、判断题

1. 交流电动机从接入电源开始，转速由零上升到某一稳定转速为止的过程称为起动过程或起动。（　　　）

2. 所谓降压起动，都只是简单的过程，最终还需实现全压运行。（　　　）

3. 定子回路串电阻降压起动在起动时串接电阻，起动完成后将电阻断开进入全压运行。（　　　）

4. 自耦变压器二次绕组一般有六个抽头，用户可根据电网允许的起动电流和机械负载所需的起动转矩来选择。（　　　）

六、设计题

在时间继电器控制电动机Y－△降压起动的基础上，完成以下电路图的设计：

（1）按下起动按钮，电动机接成Y形降压起动，延时 5 s 后，电动机接成△形全压运行；

（2）全压运行 30 s 后自行停止，完成一个过程的运行。

任务七
绕线式异步电动机
起动控制与实现

工作手册

姓名：＿＿＿＿＿＿＿＿

工位号：＿＿＿＿＿＿＿

时间：＿＿＿＿＿＿＿

绕线式异步电动机相较于鼠笼式异步电动机具有更好的起动和调速性能，其转子绕组可通过铜环和电刷与外电路电阻相接，以减小起动电流，提高转子电路功率因素和起动转矩，适用于重载起动的场合。

本任务通过绕线式异步电动机起动控制与实现，使学生掌握频敏变阻器、温度继电器等低压电器的定义、文字符号、图形符号、工作原理及选用；熟悉手动操作和自动控制的绕线式异步电动机起动控制电路的设计方法和控制原理；掌握频敏变阻器控制绕线式异步电动机起动控制设计方法及工作原理。与此同时，在对按钮控制的绕线式异步电动机起动控制线路的连接和调试过程中，进一步加深学生对低压电器工作原理和电机拖动技术的理解，提高学生对绕线式异步电动机起动控制技术的认识。

完成如图 7 – 1 所示按钮控制的绕线式异步电动机控制电路的接线与调试工作。

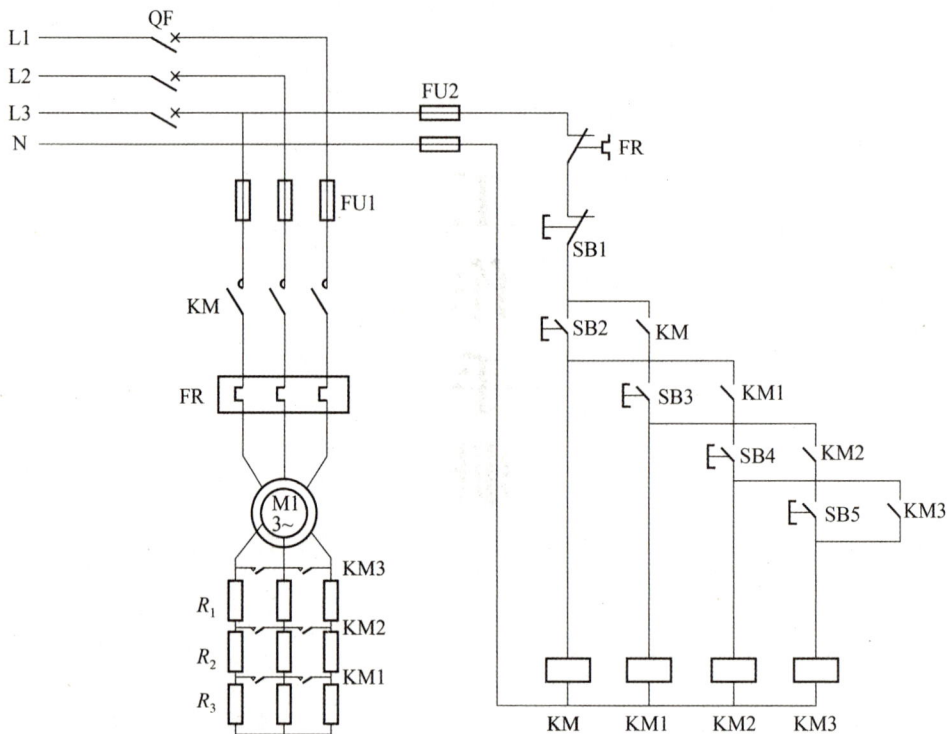

图 7 – 1　按钮控制的绕线式异步电动机起动控制原理图

任务目标

任务目标见表 7 – 1。

表 7 - 1　任务目标

序号	类别	目标
一	知识点	1. 频敏变阻器、温度继电器的基础知识； 2. 按钮控制的绕线式异步电动机起动控制线路的控制原理和设计技巧； 3. 时间继电器控制的绕线式异步电动机起动控制线路的控制原理； 4. 频敏变阻器控制的绕线式异步电动机起动控制线路的设计原理
二	技能点	1. 频敏变阻器和温度继电器的选用； 2. 按钮控制的绕线式异步电动机起动控制线路的安装与调试； 3. 时间继电器控制的绕线式异步电动机起动控制线路的设计技巧； 4. 频敏变阻器控制的绕线式异步电动机起动控制线路的设计技巧
三	职业素养	1. 学生发现问题、分析问题和解决问题的能力； 2. 良好的职业素养； 3. 质量、成本、安全、环保意识； 4. 严谨求真的唯物史观； 5. 责任担当的爱国情怀； 6. 精益求精的工匠精神

◤ 任务描述

掌握按钮控制的绕线式异步电动机起动控制原理和设计方法，在此基础上完成手动控制的绕线式异步电动机三级起动控制的构思、设计、实现和运作任务，并掌握多种绕线式异步电动机的起动控制方法。

◤ 任务重难点

重点：

（1）掌握频敏变阻器、温度继电器的工作原理及选用；

（2）掌握按钮控制的绕线式异步电动机起动控制线路的设计原理。

难点：

（1）掌握时间继电器控制的绕线式异步电动机起动控制线路的设计原理；

（2）掌握频敏变阻器控制的绕线式异步电动机起动控制线路的设计原理；

（3）掌握按钮控制的绕线式异步电动机起动控制线路的安装与调试。

◤ 问题讨论

讨论分析绕线式异步电动机在工业生产中实际应用的场所。

◤ 思政主题

团队协作的力量

古时候，有几兄弟常常吵架。一天，父亲把他们叫到跟前，拿出一把筷子说："你们谁能把这把筷子折断？"几兄弟都折了折，谁也折不断。父亲把这把筷子拆散了，分给每人一根，叫他们再折，这次，他们一折就断了。父亲说："你们看，一把筷子多结实，折不断，一根筷子很容易就折断了。以后，你们不要吵了，团结起来才会有力量。"

这个故事不仅告诉我们要兄友弟恭，而且要相互团结，不管是在生活中，还是工作中，只有团结协作，才能把事情做好。在现在的职场，特别是现代电气控制中，一个项目很难由一个人独立完成，需要分工合作，才能保质保量如期完成。在课程任务实施过程中，均有分工合作环节，正确的分工和良好的合作，才能正确且迅速地完成任务要求。如果团队不合作，推脱责任，相互指责，则难以完成任务。如图 7-2 所示。

图 7-2　团结协作的力量

一、频敏变阻器、温度继电器的认识

1. 频敏变阻器

1）定义

频敏变阻器是一种等值阻抗随频率降低而减小的变阻器，如图 7-3 所示，常用于平滑起动绕线式异步电动机。频敏变阻器是一个铁芯损耗很大的三相电抗器，铁芯由一定厚度的多块实心铁板或钢板叠成，一般做成三柱式，每柱上绕有一个线圈，三相线圈连成星形，然后接到绕线异步电动机的转子电路中，在频敏变阻器的线圈中通过转子电道，在铁芯中产生交变磁通，在交变磁通的作用下，铁芯中就会产生涡流而使铁芯发热。

频敏变阻器

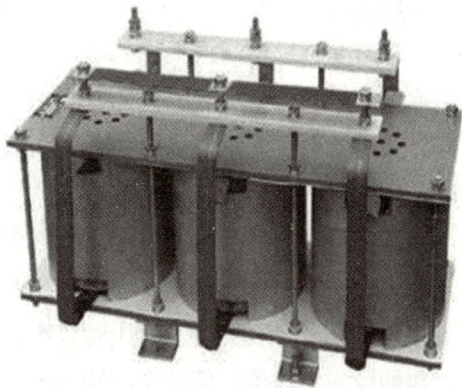

图 7-3 BP4 系列频敏变阻器

2）频敏变阻器的工作原理

频敏变阻器实际上是一个特殊的三相铁芯电抗器，它有一个三柱铁芯，每个柱上有一个绕组，三相绕组一般接成星形。频敏变阻器的阻抗随着电流频率的变化而有明显的变化：电流频率高时，阻抗值也高；电流频率低时，阻抗值也低。频敏变阻器的这一频率特性非常适合于控制异步电动机的起动过程。起动时，转子电流频率 f_z 最大，电阻 R_f 与转矩 X_d 最大，电动机可以获得较大的起动转矩。起动后，随着转速的提高，转子电流频率逐渐降低，电阻 R_f 和转矩 X_d 都自动减小，所以电动机可以近似地得到恒转矩特性，实现了电动机的无级起动。起动完毕后，频敏变阻器应短路切除。

👉 请查阅资料，写出频敏变阻器的文字符号和图形符号。

文字符号＿＿＿＿＿＿＿＿＿＿；

图形符号＿＿＿＿＿＿＿＿＿＿。

3）结构特征

频敏变阻器是一种有独特结构的新型无触点电磁元件，相当于一个等值阻抗。在电动机起动过程中，由于等值阻抗随转子起动电流中高频成分的减小而自动下降，以达到自动变阻，故而只需用一级变阻器就可以把电动机平稳起动起来。它由数片 E 型钢板叠合成的铁芯及线圈两个主要部分组成，钢板间夹以垫圈，保持片间距离，以利于散热。

4）型号意义

频敏变阻器的型号含义如图 7-4 所示。

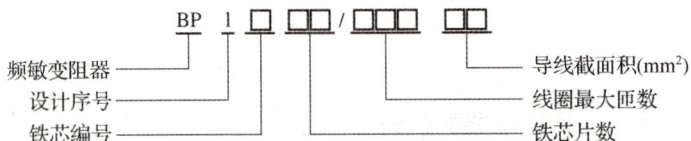

图 7 - 4　频敏变阻器的型号含义

2. 温度继电器

1) 定义

在温度自动控制或报警装置中，常采用带电触头的汞温度计或热敏电阻、热电偶等制成的各种形式的温度继电器，其主要由测温机构和触头系统组成，实物图如图 7 - 5 所示。

图 7 - 6 所示为用热敏电阻作为感温元件的温度继电器原理图。晶体管 VT_1、VT_2 组成射极耦合双稳态电路。晶体管 VT_3 之前串联接入稳压管 VZ_1，可提高反相器开始工作的输入电压值，使整个电路的开关特性更加良好。适当调整电位器 R_{P2} 的电阻，可减小双稳态电路的回差。R_T 采用负温度系数的热敏电阻器，当温度超过极限值时，使 A 点电位上升到 $2 \sim 4$ V，触发双稳态电路翻转。

图 7 - 5　欧姆龙 E5C 温度继电器

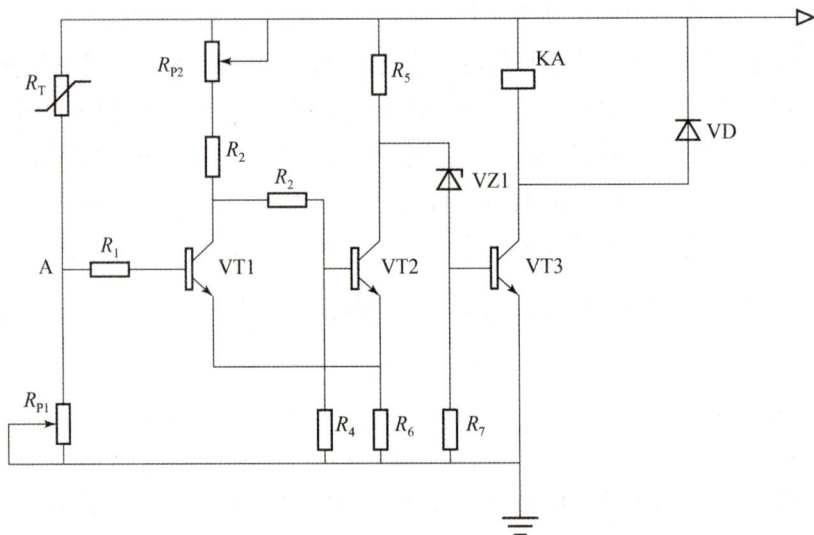

图 7 - 6　电子式温度继电器的原理图

☞　热敏电阻有正温度系数和负温度系数之分，请简述其特征。

---

2) 电路的工作原理

当温度在极限值以下时，R_T 呈现很大电阻值，使 A 点电位在 2 V 以下，则 VT_1 截止，

VT_2导通，VT_2的集电极电位约 2 V，远低于稳压管 VZ_1 的稳定电压值 5～6.5 V，VT_3 截止，继电器 KA 不吸合。当温度上升到超过极限值时，R_T 阻值减小，使 A 点电位上升到 2～4 V，VT_1 立即导通，迫使 VT_2 截止，VT_2 集电极电位上升，VZ_1 导通，VT_3 导通，KA 吸合。该温度继电器可利用 KA 的常开或常闭触头对加热设备进行温度控制，对电动机实现过热保护等，并可通过调整电位器 R_{P1} 的阻值来实现对不同温度的控制。

二、转子绕组串接电阻起动控制

三相绕线式异步电动机起动时，在转子回路中接入作星形连接、分级切换的三相起动电阻器，并把可变电阻放到最大位置，以减小起动电流，获得较大的起动转矩。随着电动机转速的升高，可变电阻逐级减小。起动完毕后，可变电阻减小到零，转子绕组被直接短接，电动机便在额定状态下运行。

电动机转子绕组中串联的外加电阻在每段切除前和切除后，三相电阻始终是对称的，称为三相对称电阻器。起动过程中依次切除 R_1、R_2、R_3，最后全部电阻被切除。与上述相反，起动时串入的三相电阻是不对称的，而在每段切除后三相仍不对称，称为三相不对称电阻器。起动过程中依次切除 R_1、R_2、R_3、R_4，最后全部电阻被切除。

如果电动机要调速，则将可变电阻调到相应的位置即可，此时可变电阻便成为调速电阻。

1. 按钮操作控制电路

按钮操作转子绕组串接电阻起动控制电路如图 7 - 7 所示。

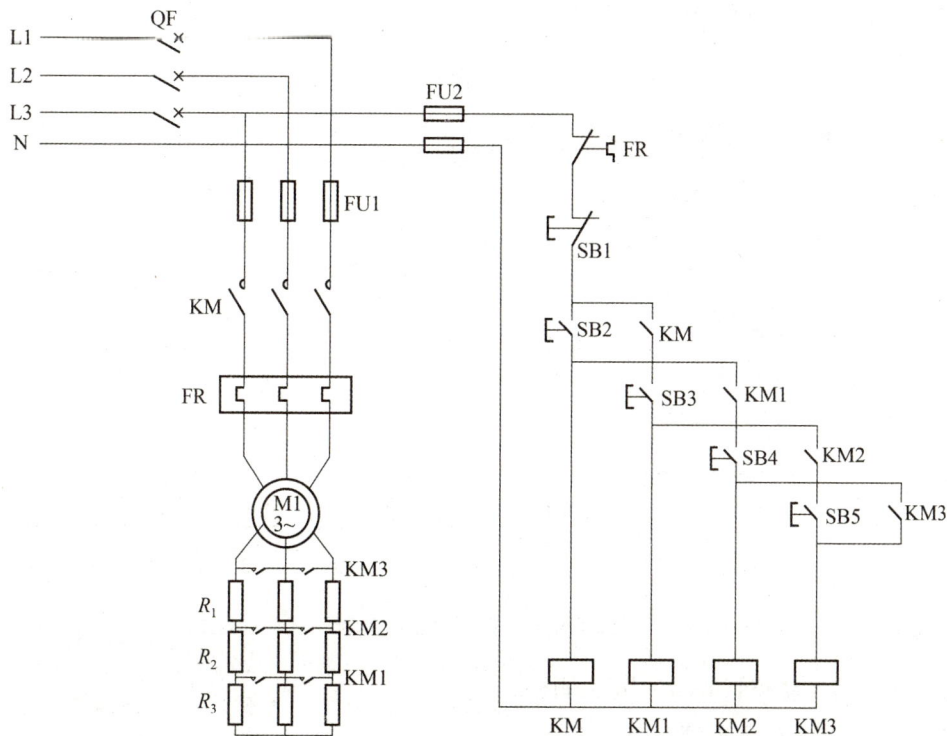

图 7 - 7　按钮操作转子绕组串接电阻起动控制电路图

按钮操作转子绕组串接电阻起动控制电路工作原理如下：

（1）合上 QF，引入电源。

（2）按下 SB2→KM 线圈得电，自锁触头闭合，主触头闭合→电动机串三级电阻起动→当速度升高至一定值时，按下 SB3→KM1 线圈得电，自锁触头闭合，主触头闭合→切除第一级电阻 R_3→速度继续升高，随后按下 SB4→KM2 线圈得电，自锁触头闭合，主触头闭合→切除第二级电阻 R_2→速度继续升高，随后按下 SB5→KM3 线圈得电，自锁触头闭合，主触头闭合→切除第三级电阻 R_1→电动机正常运行。

（3）按下停止按钮 SB1→控制电路失电，主触头分断→电动机失电停转。

按钮操作转子绕组串接电阻起动控制电路设计原理较为简单，但最后所有的交流接触器均在运行，能耗高，降低了交流接触器的使用寿命。同时采用三级电阻，起动过程中逐级切断，在切断的瞬间会给电路带来不稳定。

2. 时间继电器自动控制电路

按钮操作控制电路的缺点是操作不便，人为控制不精准，工作无法安全可靠实现，因此在实际中常采用时间继电器自动控制短接起动电阻的控制电路，电路如图 7-8 所示。

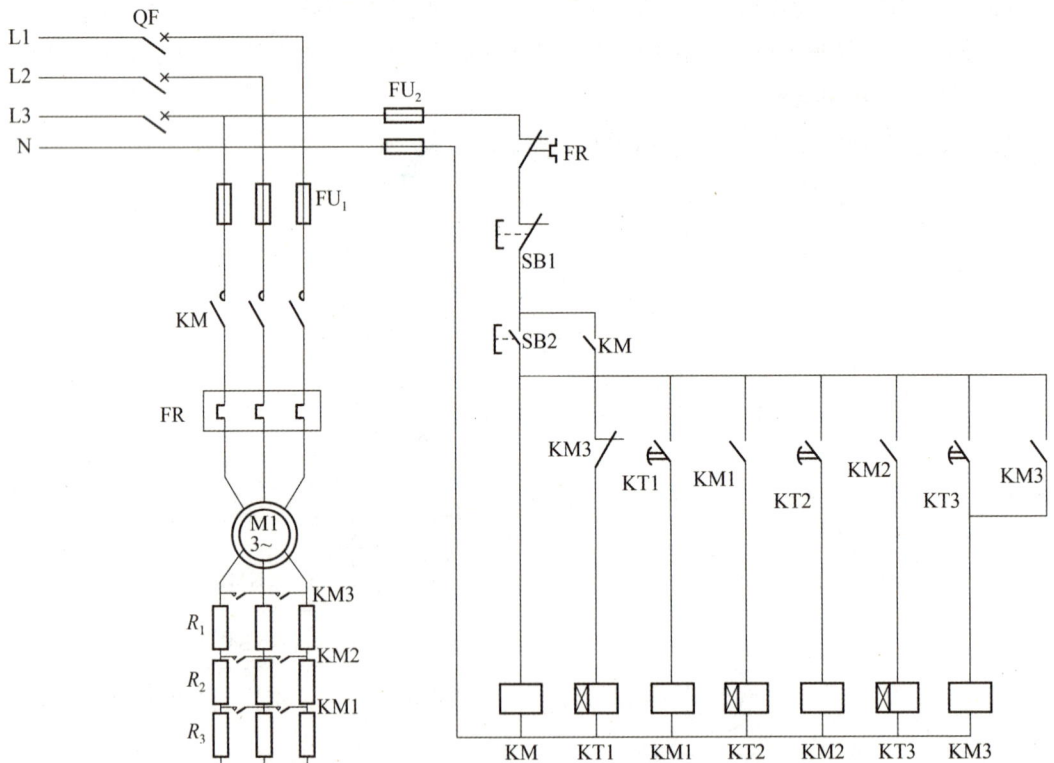

图 7-8　时间继电器转子绕组串接电阻起动控制电路图

时间继电器自动控制电路工作原理图如下：

（1）合上 QF，引入电源。

（2）按下 SB2→KM 线圈得电→KM 自锁触头闭合自锁，主触头闭合→电动机转子绕组串联全部电阻起动→KT1 线圈得电延时→延时到位其常开触头闭合 →KM1 线圈得电，主触头闭合，切除 R_3→KM1 常开触头闭合，KT2 线圈得电延时，延时到位其常开触头闭合→KM2 线圈得电，主触头闭合，切除 R_2→KM2 常开触头闭合，KT3 线圈得电延时，延时到位其常开触头闭合→KM3 线圈得电，主触头闭合，切除 R_1→KM3 常开触头闭合自锁，常闭触头断开，使得 KT1～KT3、KM1～KM2 全部失电。

（3）按下停止按钮 SB1→控制电路失电，主触头分断→电动机失电停转。

值得注意的是：电动机起动后进入正常运行时，只有两个接触器处于长期通电状态，而线圈的通电时间均压缩到最低限度。一方面从电路工作要求出发，没必要让这些电器都处于通电状态；另一方面也可节省电能、延长电器使用寿命。更为重要的是减少电路故障，保证电路安全可靠地工作。但电路也存在下列问题：一旦时间继电器损坏，电路将无法实现电动机的正常起动和运行；在电动机的起动过程中，由于逐级短接转子电阻，将使电动机电流与电磁转矩突然增大，产生机械冲击。

使用欠电流继电器也可实现绕线式异步电动机的降压起动，请设计出其电气原理图。

三、转子绕组串接频敏变阻器起动控制电路

绕线式异步电动机采用转子绕组串接电阻的起动方法，要获得良好的起动特性，一般需要较多的起动级数，所用电器较多，控制线路复杂，设备投资大，维修不便，同时由于逐级切除电阻，故会产生一定的机械冲击。因此，在工矿企业中对于不频繁起动的设备，广泛采用频敏变阻器代替起动电阻来控制绕线式异步电动机的起动。

频敏变阻器是一种阻抗随频率明显变化、静止的无触头电磁元件。它实质上是一个铁芯损耗非常大的三相电抗器。在电动机起动时，将频敏变阻器 RF 串接在转子绕组中，由于频繁变阻器的等值阻抗随转子电流频率的减小而减小，从而达到自动变阻的目的。因此，只需要用一级频敏变阻器就可以平稳地把电动机起动起来，起动完毕后切除频敏变阻器。

转子绕组串接频敏变阻器起动控制电路如图 7-9 所示。

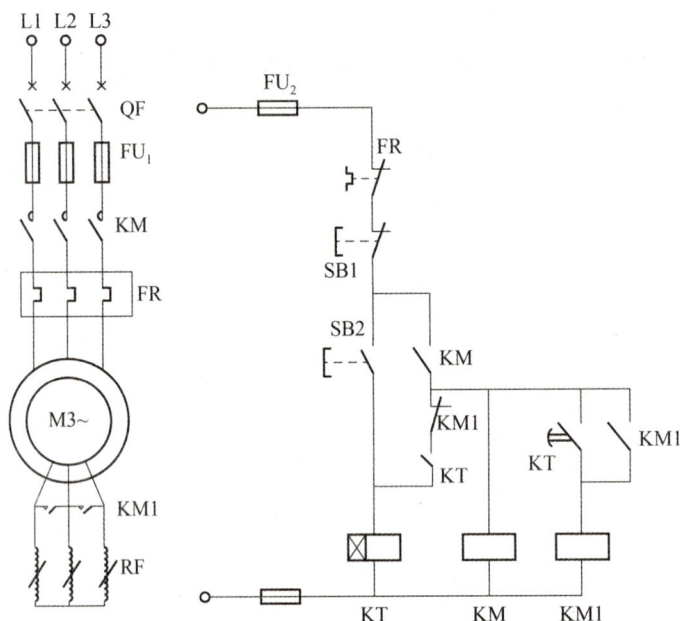

图 7-9 转子绕组串接频敏变阻器起动控制电路

转子绕组串接频敏变阻器起动控制电路工作原理如下：

（1）合上 QF，引入电源。

（2）按下 SB2→KT 线圈得电开始延时，其瞬动触头得电闭合，KM 线圈得电→KM 自锁触头闭合自锁，主触头闭合→电动机转子绕组串联频敏变阻器起动→电动机转速越大，频敏变阻器电阻越小→KT 延时到位其常闭触头断开、常开触头闭合→KM1 线圈得电，自锁触头闭合、主触头闭合，切除频敏变阻器→KM1 常闭触头断开，KT 线圈失电→电路最终只有 KM 和 KM1 得电。

（3）按下停止按钮 SB1→控制电路失电，主触头分断→电动机失电停转。

时间继电器延时时间要略大于电动机实际起动时间，一般大于电动机起动时间为最佳。

过电流继电器出厂时按线路接触器的额定电流来整定，在使用时应根据电动机实际负载大小来调整，以便起到过电流速断保护的作用。

【思政点】优胜劣汰的生存法则：绕线式异步电动机的起动过程有很多种方法，但串电阻起动、串欠电流继电器起动对电路存在冲击，且电路机构复杂，因此研发应用了频敏变阻器，以解决电路中存在的上述问题。在社会中，不管是企业还是个人，都应了解优胜劣汰法则，因此应不断提高自身知识和技能，与时俱进，方能不被社会淘汰或边缘化。

任务实施

按钮控制的绕线式异步电动机起动控制线路的安装与调试。

本任务要求学生坚持 CDIO（构思→设计→实现→运作）理念为指导，完成按钮控制的绕线式异步电动机起动控制线路的控制与实现。

一、任务构思

如何应用按钮实现对绕线式异步电动机三级起动的控制呢？

根据绕线式异步电动机的工作原理和顺序起动分析，可知在控制电路中应用干路控制支路的方法实现对绕线式异步电动机起动电阻的三级切除控制。

二、任务设计

1. 材料清单（见表 7-2）

表 7-2 设备清单

类型	名称	数量	功能	备注
设备	绕线式异步电动机	1	控制对象	
	低压断路器	1	接通和断开电路	
	熔断器	5	短路保护	
	按钮	5	控制电路	
	热继电器	1	过载保护	
	交流接触器	4	自动控制	
材料	导线	若干	连接电路	

2. 仿真设计

请在如图 7-10 所示图框中完成电路的设计过程，并利用 CAD 电气制图模拟软件完成电路的仿真和分析。

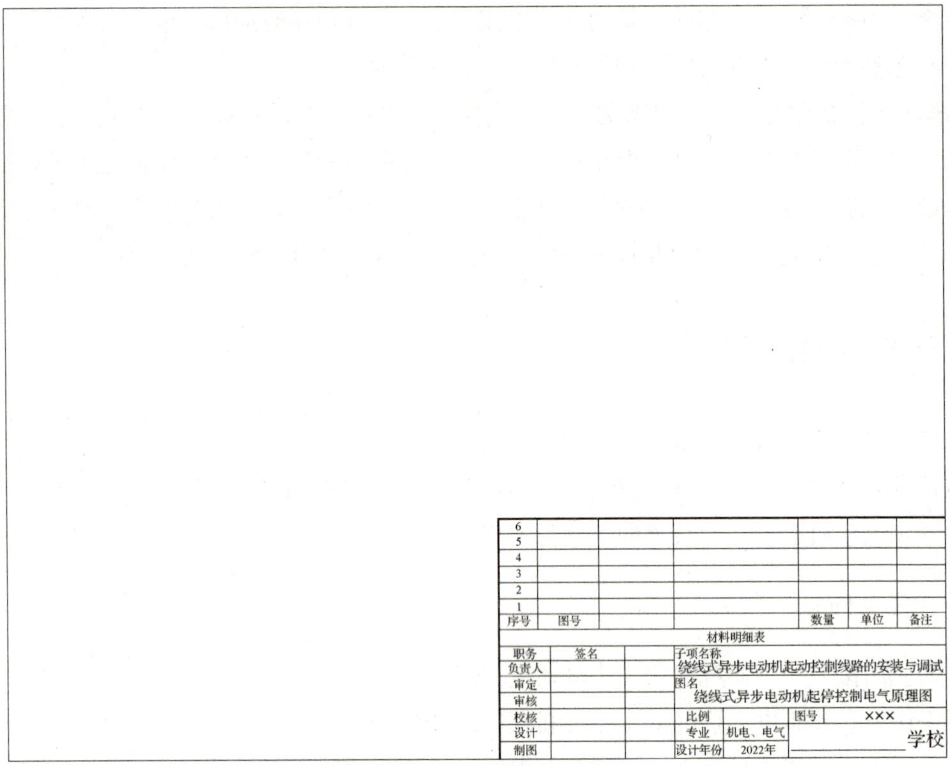

6					
5					
4					
3					
2					
1					
序号	图号		数量	单位	备注
		材料明细表			

职务	签名	子项名称		
负责人		绕线式异步电动机起动控制线路的安装与调试		
审定		图名		
审核		绕线式异步电动机起停控制电气原理图		
校核		比例		图号 ××××
设计		专业 机电、电气		学校
制图		设计年份 2022年		

图 7-10　按钮控制的绕线式异电动机起动控制线路的安装与调试

三、任务实现

1. 操作工单（见表 7-3）

表 7-3　操作工单

学生姓名		班级		成绩	
任务描述	按钮控制的绕线式异步电动机起动控制线路的安装与调试				
任务目标	1. 能分析绕线式异步电动机起动电路的控制原理； 2. 能正确选择元器件，并正确完成接线； 3. 完成按钮控制的绕线式异步电动机起动控制线路的安装与调试				
设备工具	三相异步电动机；低压断路器、熔断器、按钮、热继电器、交流接触器；连接线、万用表、螺丝刀等				
信息获取	1. 获取绕线式异步电动机信息 型号：＿＿＿＿＿＿＿＿　　接线方法：＿＿＿＿＿＿＿＿ 2. 获取交流接触器信息 型号：＿＿＿＿＿＿＿＿　　接线方法：＿＿＿＿＿＿＿＿ 3. 获取热继电器信息 型号：＿＿＿＿＿＿＿＿　　接线方法：＿＿＿＿＿＿＿＿				

学生姓名			班级		成绩	
操作流程	1. 准备工作					
	（1）	设备选择		操作要点和注意事项		
	（2）	材料准备				
	（3）	设备检查				
	2. 按钮控制的绕线式异步电动机起动控制线路的安装与调试					
	（1）	引进电源，完成电源接线				
	（2）	完成刀开关、熔断器、交流接触器、按钮、热继电器、电动机等设备电器的接线连接				
	（3）	组内自检、小组互检、教师终检，确定线路的正确性				
	（4）	通电调试、故障排除				
	（5）	教师给予实训最终成绩				
	3. 做好 6S 管理					
	（1）	收好设备、材料				
	（2）	整理好桌面，保证清洁、整齐				
个人自评	技能操作		团队协作	职业素养		总分
小组互评	技能操作		团队协作	职业素养		总分
教师终评	技能操作		团队协作	职业素养		总分

注：个人自评（25%）、小组互评（25%）和教师终评（50%），从技能操作、团队协作、职业素养三个方面综合考虑，得出最终成绩。

2. 任务分组（见表7-4）

表7-4　按钮控制的绕线式异步电动机起动控制线路的安装与调试分组分工表

组号：　　　　　　　　组长：　　　　　　　　组长联系方式：

成员：

序号	分工项目	负责人	备注

四、任务运作

1. 任务完成检查

通过个人自检、小组互检、教师终检，确定本次任务是否完成到位。

2. 任务总结与反思

本任务是在掌握绕线式电动机工作原理的基础上，完成按钮控制的绕线式异步电动机起动控制线路的安装与调试。本任务电气元件多，接线复杂，操作难度大。

任务完成后需撰写实操总结报告，报告可以加深学生对知识点的掌握程度，通过撰写报告可回顾操作过程，提升操作的熟练度，提高学生的技术技能。实操报告包括项目题目、目的、要求、原理图、操作步骤、心得体会等内容，见表7-5。

表7-5　实操总结报告

班级：_____　　　　　　　姓名：_____

实操项目	
实操目的	
控制要求	
工作原理图	

实操项目	
操作步骤	
心得体会	

3. 任务评价

本任务的评价指标和评价内容在项目评价体系中所占分值及小组评价、教师评价在本项目考核中的比例见表7-6。任课教师对每位学生进行评价，并得出其最后实训成绩，纳入最终的考核成绩。

表7-6 考核评价体系表

班级：_____　　　　　　　　姓名：_____

序号	评价指标	评价内容	分值	学习表现（30%）	组内自评（10%）	组间互评（25%）	教师评价（35%）
1	理论知识	是否掌握三相异步电动机的工作原理	40				
2	实操训练	能否顺利完成接线，团队分工合作，互帮互助	50				
3	答辩	本任务涵盖的知识点是否都比较熟悉	10				
4	最终成绩						

▲ 知识小词典

凸轮控制器

凸轮控制器是一种大型的控制电器，也是多挡位、多触点，利用手动操作，转动凸轮去接通和分断通过大电流的触头转换开关。凸轮控制器主要用于起重设备中控制小型绕线式转子异步电动机的起动、停止、调速、换向和制动，也适用于有相同其他电力拖动的场合，如卷扬机等。因其动、静触头的动作原理与接触器极其类似，故亦称接触器式控制器，二者的区别为：凸轮控制器是凭借人工操纵的，并且能换接较多数目的电器，而接触器具有电磁吸引力实现驱动的远距离操作方式，触头数目较少。凸轮控制器的实物图如图 7 – 11 所示。

凸轮控制器的转轴上套着很多（一般为 12 片）凸轮片，当手轮经转轴带动转位时，使触点断开或闭合。例如：当凸轮处于一个位置时（滚子在凸轮的凹槽中），触点是闭合的；当凸轮转位而使滚子处于凸缘时，触点就断开。由于这些凸轮片的形状不相同，因此触点闭合规律也不相同，因而实现了不同的控制要求。手轮在转动过程中共有 11 个挡位，中间为零位，向左、向右都可以转动 5 挡。

调整凸轮张角及凸轮组的相对角度可以相应地改变其感应时间。凸轮控制器应用于钢铁、冶金、机械、轻工、矿山等自动化设备及各种自动流水线上。

图 7 – 11　凸轮控制器的实物图

课后习题

一、填空题

1. 频敏变阻器是一种等值阻抗随_____而减小的变阻器。

2. 温度继电器主要由_____和_____两部分组成。

3. 温度继电器在电路中用于_____。

4. 电阻器起动时串入的全部三相电阻是不对称的，而每段切除后三相仍不对称，称为_____。

5. 手动控制往往不够精准，因此在电路设计中常采用_____实现电路的自动控制。

二、选择题

1. 频敏变阻器阻值变化（　　）。

A. 频率越大，速度越大，阻值越大　　　　　　B. 频率越大，速度越大，阻值越小

C. 频率越小，速度越大，阻值越大　　　　　　D. 频率越小，速度越大，阻值越小

2. 频敏变阻器起动控制的优点是（　　）。

A. 起动转矩平稳，电流冲击大　　　　　　　　B. 起动转矩大，电流冲击大

C. 起动转矩平稳，电流冲击小　　　　　　　　D. 起动转矩小，电流冲击大

3. 频敏变阻器的三相线圈连成（　　），然后接到绕线异步电动机的转子电路中。

A. 星形　　　　　　B. 三角形　　　　　　C. 双星形　　　　　　D. 双三角形

4. 交流电器中的铁芯常采用硅钢片叠压而成的目的为（　　）。

A. 方便维修　　　　　B. 简化结构　　　　　C. 降低损耗　　　　　D. 节约耗材

5. 负温度系数的热敏电阻器阻值变化（　　）。

A. 温度越高，电阻越大　　　　　　　　　　　B. 温度越低，电阻越大

C. 温度恒定，电阻越小　　　　　　　　　　　D. 无法确定

6. 转子绕组串电阻起动适用于（　　）。

A. 鼠笼式异步电动机　　　　　　　　　　　　B. 绕线式异步电动机

C. 串励直流电动机　　　　　　　　　　　　　D. 并励直流电动机

三、多选题

1. 温度继电器常用（　　）制作而成。

A. 热敏电阻　　　　　　　　　　B. 热电偶

C. 带电触头的汞温度计　　　　　D. 电阻　　　　　　　　　　　　E. 二极管

2. 交流接触器在电路中的作用有（　　）。

A. 自动控制　　　　　　　　　　B. 失压保护

C. 欠压保护　　　　　　　　　　D. 过载保护　　　　　　　　　　E. 接通断开电路

四、判断题

1. 频敏变阻器是一个铁芯损耗很小的三相电抗器。（　　）

2. 电动机起动后，频敏变阻器随着转速的提高，转子电流频率逐渐降低，变阻器电阻自动减小。（　　）

3. 电动机转子绕组中串联的外加电阻在每段切除前和切除后，三相电阻始终是对称的，称为三相对称电阻器。（　　）

4. 电阻器不仅可以用于降压起动，在某些场所还可用于调速。（　　）

5. 时间继电器转子绕组串接电阻起动控制电路相较于按钮控制，能耗低，且更安全、可靠。（　　）

6. 起动电阻和调速电阻可以相互取代。（　　）

7. 时间继电器延时时间要略小于电动机实际起动时间为最佳。（　　）

8. 过电流继电器出厂时按线路接触器的额定电流来整定，在使用时应根据电动机实际负载大小来调整，以便起到过电流速断保护的作用。（　　）

五、简答题

1. 简述绕线式异步电动机的特点。

2. 简述按钮操作转子绕组串接电阻起动控制电路的特点。

3. 有线圈的电路中均有欠压和失压保护，总结失压保护和欠压保护的不同之处。

任务八
三相异步电动机
速度、制动控制与实现

工 作 手 册

姓名：_____

工位号：_____

时间：_____

　　三相异步电动机调速方法有三种，分别为变频调速、变极调速和变转差率调速，其中变频调速应用最为广泛；变极调速较为刻板且调速能力较差；变转差率调速范围较小。电动机的停车控制有两种方式，一种为自由停车，另一种为制动停车。自由停车耗时较长，适用于小功率电动机；制动停车可实现短时停车，适用于大功率电动机。

　　本任务通过三相异步电动机能耗制动的控制与实现，使学生掌握速度继电器的定义、文字符号、图形符号、工作原理及选用；熟悉双速电动机的工作原理和接线方法；掌握三相异步电动机制动控制基础知识；掌握三相异步电动机电源反接制动控制与实现。与此同时，在对三相异步电动机电源反接制动控制线路进行连接和调试过程中，进一步加深学生对低压电器工作原理的理解，使学生深入掌握电源反接制动的控制原理，提高学生对三相异步电动机制动控制的认识。

　　完成如图 8 - 1 所示三相异步电动机电源反接制动电路的接线与调试工作。

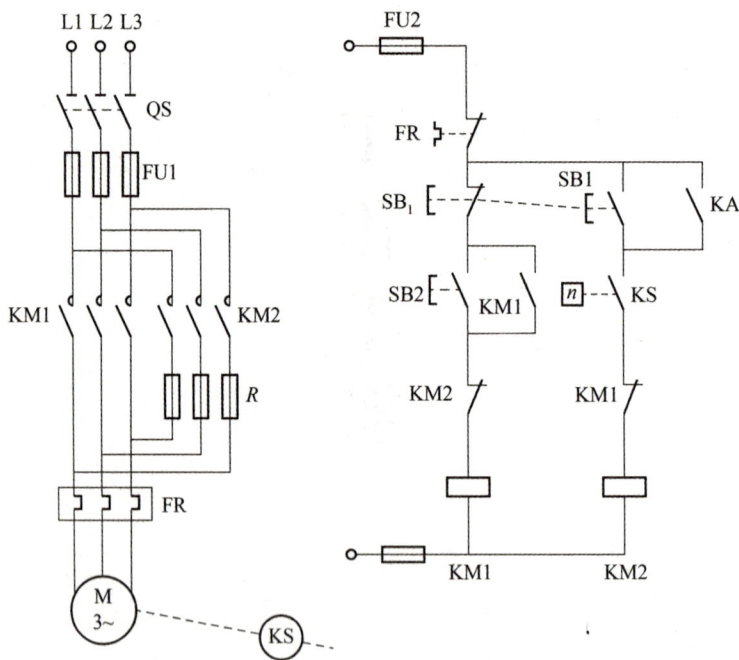

图 8 - 1　三相异步电动机电源反接制动控制电路

任务目标

　　任务目标见表 8 - 1。

表 8 – 1   任务目标

序号	类别	目标
一	知识点	1. 速度继电器的基础知识； 2. 双速电动机的工作原理和接线方法； 3. 三相异步电动机制动控制基础； 4. 三相异步电动机电源反接制动控制原理
二	技能点	1. 速度继电器的选用； 2. 双速电动机的接线方法和应用； 3. 电源反接制动控制线路的控制原理和设计技巧； 4. 三相异步电动机电源反接制动控制线路的制作与调试
三	职业素养	1. 学生发现问题、分析问题和解决问题的能力； 2. 良好的职业素养； 3. 质量、成本、安全和环保意识； 4. 严谨求真的唯物史观； 5. 责任担当的爱国情怀； 6. 精益求精的工匠精神

任务描述

掌握速度继电器的结构符号、工作原理、选用与检测，理解双速电动机的接线方法和应用，掌握三相异步电动机电源反接制动控制线路的控制原理和设计技巧，在此基础上完成三相异步电动机电源反接制动控制线路的构思、设计、实现和运作，进一步加深对低压电器工作原理的理解，深入掌握电源反接制动的控制原理。

任务重难点

重点：

1. 掌握速度继电器的文字符号、图形符号、工作原理及选用；
2. 掌握双速电动机的工作原理及应用；
3. 掌握三相异步电动机电源反接制动控制线路的控制原理和设计技巧。

难点：

1. 掌握三相异步电动机电源反接制动控制线路的控制原理和设计技巧；
2. 掌握三相异步电动机电源反接制动控制线路的制作与实现。

问题讨论

讨论分析双速电动机在工业生产中的实际应用案例。

思政主题

"两弹一星"精神

"两弹一星"的成功离不开科学技术人员的辛勤付出，其中被授予"两弹一星"功勋奖章的科学家钱学森，更是让人钦佩不已，如图 8-2 所示。钱学森于 1934 年从交通大学机械工程系毕业；1935 年由第七届庚子赔款公费赴美进修；1936 年从美国麻省理工学院硕士研究生毕业，之后转入加州理工学院航空系；1939 年获得美国加州理工学院航空、数学博士学位，之后留下任教；1955 年在毛泽东主席和周恩来总理的争取下，以朝鲜战争空战中被俘的多名美军飞行员交换回中国。在中国技术落后、条件艰苦的环境下，钱学森义无反顾投身于国家的建设，不怕狂风飞沙，不惧严寒酷暑，没有条件，创造条件；没有仪器，自己制造；缺少资料，刻苦钻研。就是这样，冲破重重障碍，以惊人的毅力和速度从无到有、从小到大，创造出"两弹一星"的惊人伟绩。

"两弹一星"精神是第一批中国共产党人精神谱系的伟大精神，其可概括为"热爱祖国、无私奉献、自力更生、艰苦奋斗、大力协同、勇于登攀"二十四个字。本任务在电动机停车控制的设计过程中，从自由停车耗时长，影响生产效率；再到设计研究出制动停车控制解决这一短板缺陷，这个过程就是不断探索，勇往直前的过程。21 世纪国际科技和经济的竞争，从根本上讲是高科技、高素质人才的竞争，是知识创新、技术创新的竞争。作为今后国家工业发展的中坚力量，同学们要努力学习，不断发扬爱国主义精神、无私奉献精神、精益求精精神，不畏艰险，勇往直前。

图 8-2 中国导弹之父钱学森

知 识链接

一、速度继电器的认识

速度继电器是按照预定速度的快慢而动作的继电器,因为它主要应用在电动机反接制动控制电路中,所以也称为反接控制继电器。

1. 结构

速度继电器是利用电磁感应原理将电动机的转速作为输入信号来控制触头动作的电器,是当转速达到规定值时动作的继电器。速度继电器主要由定子、转子和触头系统三部分组成。定子是一个笼型空心圆环,由硅钢片叠成,并嵌有笼形导条;转子是一个圆柱形永磁铁;触头系统有正向运转时动作的触头和反向运转时动作的触头各一组,每组又各有一对常开触头和一对常闭触头,其外形、结构和符号如图8-3所示。

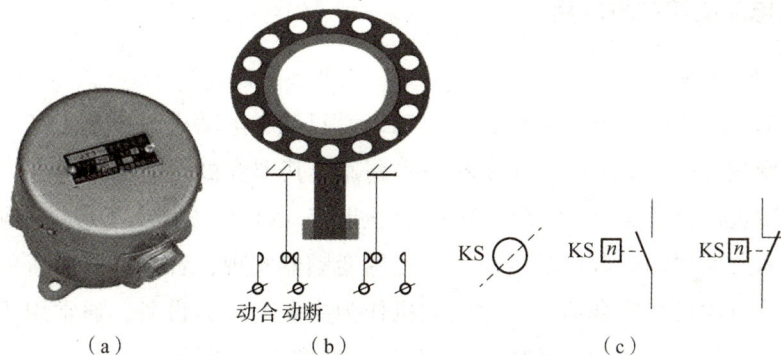

动合 动断

（a）　　　　　　　　（b）　　　　　　　　（c）

图8-3　速度继电器外形、结构和符号

（a）外形；（b）结构图；（c）文字符号和图形符号

2. 工作原理

使用时,继电器转子的轴与电动机轴相连接,定子套在转子外围。当电动机起动旋转时,继电器的转子随轴转动,永久磁场的静止磁场就成了旋转磁场。定子内的绕组因切割磁场而产生感应电动势,形成感应电流,并在磁场的作用下产生电磁转矩,使定子随转子旋转方向转动,但因有簧片挡住,故定子只能随转子旋转方向偏转。当定子偏转到一定角度时,装在定子轴上的胶木摆杆推动簧片使常闭触头断开而常开触头闭合。在摆杆推动触头的同时也会压缩相应的反力弹簧,其反作用力阻止定子偏转。当电动机转速下降时,继电器转子转速也随之下降,定子导条中的感应电动势、感应电流和电磁转矩均减小。当继电器转子转速下降到一定值时,电磁转矩小于反力弹簧的反作用力矩,定子返回原位,继电器触头恢复到原来的状态。

常用的速度继电器有JY1和JFZ0系列。JY1型可在700~3 600 r/min转速范围内可靠工作；JFZ0 – 1 型适合 300～1 000 r/min 转速，JFZ0 – 2 型适合 1 000～3 600 r/min 转速。

速度继电器型号含义如图 8 – 4 所示。

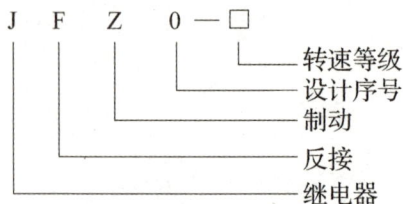

$$\begin{array}{cccccc} J & F & Z & 0 & — & \square \end{array}$$

J —— 继电器
F —— 反接
Z —— 制动
0 —— 设计序号
□ —— 转速等级

图 8 – 4　速度继电器型号含义

速度继电器主要根据电动机的额定转速、控制要求来选择。使用时，速度继电器的转轴应与电动机同轴相连；安装接线时，正、反向的触头不能接错，否则不能起到反接制动时接通和断开反向电源的作用。

【思政点】生产注重效率，工作也要注意实效：速度继电器实时检测速度，当速度达到一定值时，其触头会动作；当低于一定值时，其触头会恢复。同学们在今后工作中，要关注生产效率，对自己的工作也要合理规划，注重实效。

二、双速电动机控制与应用

1. 双速电动机的概述

由交流电动机的速度公式 $n = (60f/P) \times (1 - s)$ 可知，电动机调速方式有三种，分别为变频调速、变极调速和变转差率调速。其中变极调速就是将电动机的磁极对数进行合理连接，实现多种速度的调节，因此便设计出了带两种速度调节的双速电动机。在需要实现无级调速的场所，即可用变频器实现，若只需进行简单的高低速控制，则采用双速电动机最为合适。双速电动机作为主要的动力设备，通常用于驱动泵、风机、压缩机和其他传动机械。双速电动机的实物图如图 8 – 5 所示。

双速电动机的基本知识

图 8 – 5　双速电动机实物图

【思政点】从实际出发，坚持实时求是的人生态度：电动机有三种调速方法，各种方法均有其优缺点，我们在设计时应从生产实际出发，合理选择调速方法。

双速电动机在外形上与三相异步电动机的区别不是很明显。根据变极调速原理可知，双速电动机是将电动机的定子绕组在运行过程中接成两种形式：一种是从星形改成双星形，写作Υ/ΥΥ，该方法可保持电磁转矩不变，适用于起重机、传输带运输等恒转矩的负载；另一种是从三角形改成双星形，写作△/丫丫，该方法可保持电动机的输出功率基本不变，适合于金属切削机床类的恒功率负载。

4/2 级△/丫丫形双速电动机定子绕组接线图如图 8-6 所示。

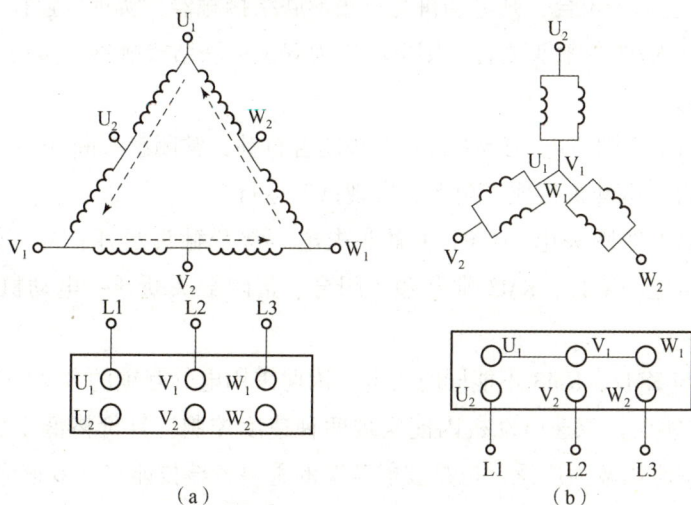

图 8-6　4/2 级△/丫丫形双速电动机定子绕组接线图
（a）低速△形接法；（b）高速丫丫形接法

2. 双速电动机电气控制电路设计

在生产中，常见到需要实现高低速两种速度的控制要求，这时若采用变频器调速，则会增加设备的造价，而且使得接线更为复杂。选用双速电动机即可满足生产需要，且可以简化电路，降低造价。图 8-7 所示为双速电动机实现高低速控制的电气原理图。

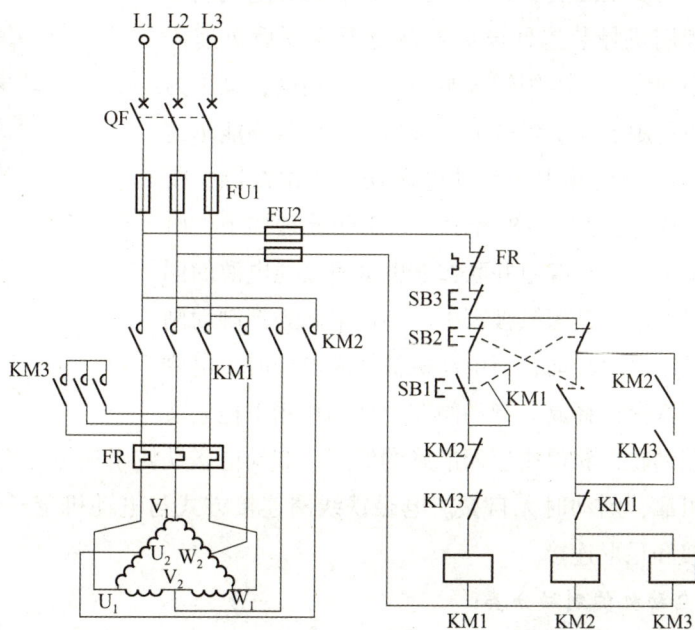

图 8-7　双速电动机实现高低速控制电气原理图

双速电动机实现高低速控制电路工作原理如下：

1）主电路分析

（1）先合上电源开关 QF，引入电源。

（2）若 KM1 主触头闭合，则电动机为三角形联结接触器，实现低速控制。

（3）若 KM2、KM3 主触头闭合，则电动机为双星形联结接触器，实现高速控制。

2）控制电路分析

按下 SB1→KM1 线圈得电→KM1 自锁触头闭合自锁，常闭触头断开→KM1 主触头闭合，KM1 常开触头闭合→电动机接成三角形，实现低速运行。

按下 SB2→KM1 线圈失电→KM1 主触头失电，常开触头断开、常闭触头闭合→同时 KM2、KM3 线圈得电→KM2、KM3 常开触头闭合、常闭触头断开→电动机接成双星形，实现高速运行。

其中，KM1 与 KM2、KM3 不能同时得电，因此采用电气互锁的方法实现相互制约控制。

【技能竞赛技能点】双速电动机因能实现两种速度控制，且价格低于变频器控制系统，因此在工业生产中应用较为广泛，也是技能竞赛的重要考核技能点。双速电动机在接线时应特别注意主电路中定子绕组的接法，接错的话将会造成电路故障，影响功能实现。

三、三相异步电动机制动概述

1. 三相异步电动机的制动类型

电动机在起动、调速和反转运行时有一个共同的特点，即电动机的电磁转矩和电动机的旋转方向相同。此时，我们称电动机处于电动运行状态。三相异步电动机还有一类运行状态，称为制动。其制动方法主要有两类：机械制动和电气制动。

机械制动是利用机械装置使电动机从电源切断后迅速停转。它的结构有多种形式，应用较普遍的是电磁抱闸，又称为制动电磁铁，它主要用于起重机械上吊重物时，使重物能迅速而又准确地停留在某一位置上。制动电磁铁主要由线圈、衔铁、闸瓦和闸轮组成，如图 8-8 所示。其工作原理如下：电磁线圈一般与电动机的定子绕组并联，在电动机接通电源的同时，电磁铁线圈也通电，其衔铁被吸引，利用电磁力把制动闸瓦松开，电动机可以自由转动；当电动机被切断电源时，电磁铁的线圈也断电，其衔铁释放，制动闸在弹簧的作用下抱紧装

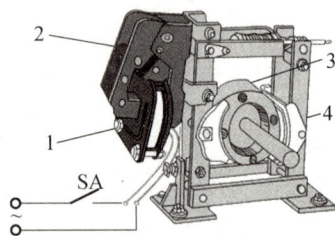

图 8-8　电磁抱闸结构
1—线圈；2—衔铁；3—闸轮；
4—闸瓦

在电动机轴上的制动轮，获得快速而准确的停车。制动电磁铁使用三相交流电源，制动力矩较大，工作平稳可靠，制动时无自振。电磁铁线圈连接方式与电动机定子绕组连接方式相同，有三角形连接和星形连接。

2. 三相异步电动机的制动分类

电气制动使异步电动机所产生的电磁转矩 T 和电动机转子转速 n 的方向相反。电气制动

通常可分为反接制动、能耗制动和回馈制动三类。

1）反接制动

反接制动分为电源反接制动和倒拉反接制动两种。

电源反接制动的方法是改变电动机定子绕组和电源的连接相序。电源的相序改变，旋转磁场立即反转，而使转子绕组中感应电动势、电流和电磁转矩都改变方向，因机械惯性，转子转向未变，电磁转矩与转子的转向相反，电动机进行制动，称为电源反接制动。反接制动的关键在于电动机电源相序的改变，且当转速下降接近于零时，能自动将电源切除。为此采用了速度继电器来自动检测电动机的速度变化。

倒拉反接制动的方法是当绕线式异步电动机拖动位能性负载时，在其转子回路串入很大的电阻，在位能负载的作用下，使电动机逆电磁转矩方向运转。这是由于重物倒拉引起的，所以称为倒拉反接制动（或称倒拉反接运行）。绕线式异步电动机倒拉反接制动常用于起重机低速下放重物。

2）能耗制动

能耗制动的方法是将运行着的异步电动机的定子绕组从三相交流电源上断开后立即接到直流电源上，其是将转子的动能转变为电能消耗在转子回路的电阻上，所以称能耗制动。

对于采用能耗制动的异步电动机，既要求有较大的制动转矩，又要求定、转子回路中电流不能太大而使绕组过热。根据经验，能耗制动时直流励磁电流对笼型异步电动机取（4~5）I_0，对绕线式异步电动机取（2~3）I_0，制动所串电阻 $r = (0.2 \sim 0.4)\dfrac{E_{2N}}{\sqrt{3}I_{2N}}$。

能耗制动的优点是制动力强，制动较为平稳；缺点是需要一套专门的直流电源供制动用。

3）回馈制动

回馈制动的方法是电动机在外力（如起重机下放重物）的作用下，其转速超过旋转磁场的同步转速，转矩方向与转子转向相反，即制动转矩。此时电动机将机械能转变为电能馈送给电网，所以称回馈制动。为了限制下放速度，转子回路不应串入过大的电阻。

四、三相异步电动机电源反接制动控制与实现

1. 电动机单向反接制动控制

反接制动是利用改变电动机电源的相序，使定子绕组产生相反方向的旋转磁场，因而产生制动转矩的一种制动方法。电源反接制动时，转子和定子旋转磁场的相对转速接近两倍的电动机同步转速，所以定子绕组中流过的反接制动电流相当于全压起动时起动电流的两倍，因此反接制动转矩大，制动迅速，冲击大，通常适用于 10 kW 及以下的小容量电动机。为了减少冲击电流，通常在笼型异步电动机定子电阻中串入反接制动电阻。定子反接制动电阻接法有三相电阻对称接法和在两相中接入电阻的不对称接法两种，显然，采用三相电阻对称接法既限制了反接制动电流又限制了制动转矩，而采用不对称电阻接法则只限制了制动转

矩，但未接制动电阻的那一相，仍具有很大的电流。另外，当电动机转速接近零时，要及时切断反相序电源，防电动机反向再起动，通常用速度继电器来检测电动机的转速，并控制电动机反相序电源的断开。

图 8 - 9 所示为电动机单向反接制动控制电路。在图 8 - 8 中，KM1 为电动机单向运行接触器，KM2 为反接制动接触器，KS 为速度继电器，R 为反接制动电阻。

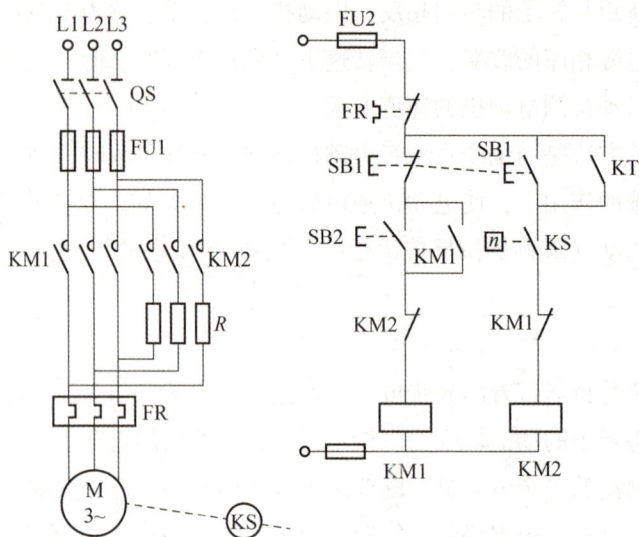

图 8 - 9　电动机单向反接制动控制电路

☞　提前想一想，速度继电器在反接制动电路中的作用。

电动机反向制动控制电路工作原理如下：

（1）合上 QS，引入电源。

（2）按下 SB2→KM1 线圈通电并自锁，KM1 主触头闭合，电动机 M 全压起动→当与电动机有机械连接的 KS 速度继电器转速超过其动作值时，其相应触头闭合→需停止时，按下停止按钮 SB1，其常闭触头断开，使线圈 KM1 断电释放，KM1 主触头断开，切断电动机原相序三相交流电源，电动机仍以惯性高速旋转→当将停止按钮 SB 按到底时，其常开触头闭合，使线圈 KM2 通电并自锁→电动机定子串入三相对称电阻 R 并接入反相序三相交流电源进行反接制动，电动机转速迅速下降→当转速下降到 KS 释放转速时，速度继电器常开触头释放→KM2 线圈失电，电动机自然停车至速度为零。

2. 电动机可逆运行反接制动控制

图 8 - 10 所示为电动可逆运行反接制动控制电路。在图 8 - 10 中，KM1、KM2 为电动机正、反转接触器，KM3 为短接制动电阻接触器，KA1、KA2、KA3、KA4 为中间继电器，KS 为速度继电器，其中 KS - 1 为正转常开触头，KS - 2 为反转常开触头。R 电阻在起动时起定子串电阻减压起动用；停车时，R 电阻又作为反接制动电阻。

电路工作原理：合上电源开关，按下正转起动按钮 SB2，正转中间继电器 KA3 线圈通电并自锁，其常闭触头断开，互锁了反转中间继电器 KA4 线圈电路，KA3 常开触头闭合，使接触器 KM1 线圈通电，KM1 主触头闭合使电动机定子绕组经电阻 R 接通正相序三相交流电源，电动机 M 开始正转降压起动。当电动机转速上升到一定值时，速度继电器正转常开触头 KS－1 闭合，中间继电器 KA1 通电并自锁。此时由于 KA1、KA3 的常开触头闭合，接触器 KM3 线圈通电，于是电阻 R 被短接，定子绕组直接加以额定电压，电动机转速上升到稳定工作转速。所以，电动机转速从零上升到速度继电器 KS 常开触头闭合这一区间，即定子串电阻降压起动。

在电动机正转运行状态须停车时，可按下停止按钮 SB1，则 KA3、KM1、KM3 线圈相继断电释放，但此时电动机转子仍以惯性高速旋转，使 KS－1 仍维持闭合状态，中间继电器 KA1 仍处于吸合状态，所以在接触器 KM1 常闭触头复位后，接触器 KM2 线圈便通电吸合，其常开主触头闭合，使电动机定子绕组经电阻 R 获得反相序三相交流电源，对电动机进行反接制动，电动机转速迅速下降，当电动机转速低于速度继电器释放值时，速度继电器常开触头 KS－1 复位，KA1 线圈断电，接触器 KM2 线圈断电释放，反接制动过程结束。

电动机反向起动和反接制动停车控制电路工作情况与上述相似，不同的是速度继电器起作用的是反向触头 KS－2，中间继电器 KA2 代替了 KA1，其余情况在此不再复述。

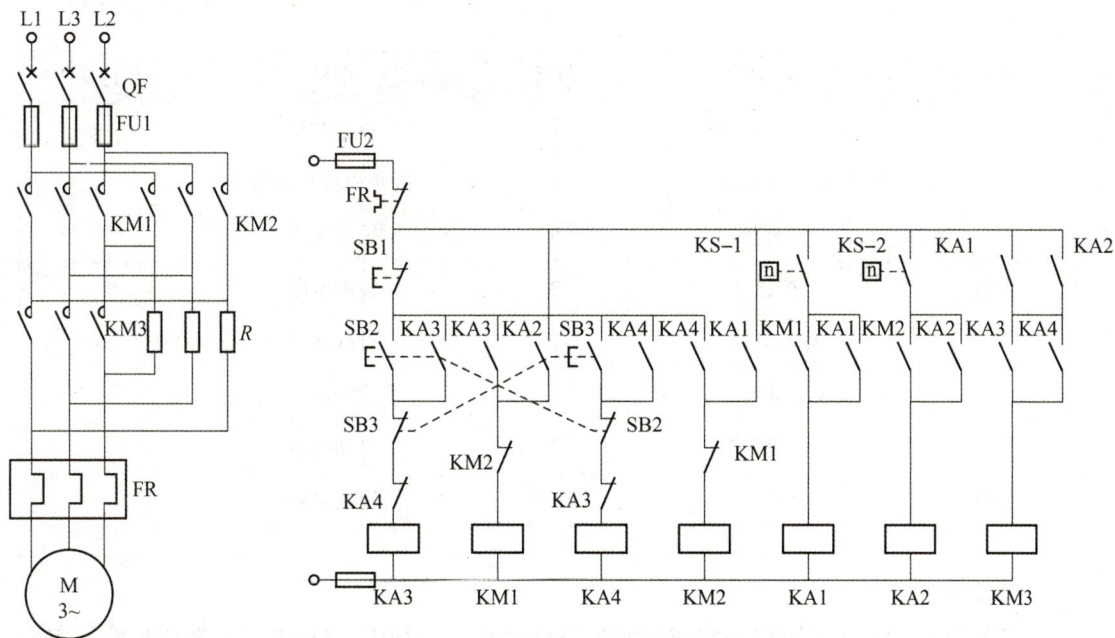

图 8－10　电动机可逆运行反接制动控制电路

☞　在电动机可逆反接制动电路中，中间继电器的作用有哪些？

任务实施

三相异步电动机电源反接制动控制与实现。

本任务要求学生坚持以 CDIO（构思→设计→实现→运作）理念为指导，完成三相异步电动机双重互锁控制的正反转控制与实现。

一、任务构思

如何实现对三相异步电动机制动的控制呢？常规的方法有三种，分别为反接制动、能耗制动和回馈制动，其中反接制动电路应用较为广泛，接线也较为简单。

电源反接制动为制动时将电源两相对调送至电动机中，使电动机中产生与转子转向相反的电磁力矩。当电动机速度为零时，应及时断开电源，因此应用到速度继电器，便可及时断开电路。

二、任务设计

1. 材料清单（见表 8-2）

表 8-2　设备清单

类型	名称	数量	型号	备注
设备	三相异步电动机	1	控制对象	
	低压断路器	1	接通和断开电路	
	熔断器	5	短路保护	
	按钮	2	控制电路	
	热继电器	1	过载保护	
	速度继电器	1	检测速度	
	交流接触器	2	自动控制	
材料	导线	若干	连接电路	

2. 仿真设计

请在如图 8-11 所示图框中完成电路的设计过程，并利用 CAD 电气制图模拟软件完成电路的仿真和分析。

三、任务实现

1. 操作工单（见表 8-3）

6					
5					
4					
3					
2					
1					
序号	图号			数量	单位	备注

材料明细表

职务	签名		子项名称	
负责人			三相异步电动机电源反接制动控制原理图	
审定			图名	
审核			三相异步电动机电源反接制动控制原理图	
校核			比例	图号	2021-2-1
设计			专业	机电、电气	
制图			设计年份	2022年	_____ 学校

图 8-11 三相异步电动机电源反接制动控制原理图

表 8-3 操作工单

学生姓名		班级		成绩	
任务描述	完成三相异步电动机电源反接制动的控制与实现				
任务目标	1. 能分析三相异步电动机电源反接制动控制原理； 2. 能正确选择元器件，并正确完成接线； 3. 完成三相异步电动机电源反接制动的接线和调试				
设备工具	三相异步电动机；低压断路器、熔断器、按钮、热继电器、速度继电器、交流接触器；连接线、万用表				
信息获取	1. 获取交流接触器信息 型号：_____ 接线端子：_____ 2. 获取速度继电器信息 型号：_____ 接线方法：_____				

学生姓名			班级		成绩	
操作流程			**1. 准备工作**			
	(1)	设备选择		操作要点和注意事项		
	(2)	材料准备				
	(3)	设备检查				
			**2. 三相异步电动机电源反接制动控制接线和调试**			
	(1)	引进电源，完成电源接线				
	(2)	完成刀开关、熔断器、交流接触器、按钮、热继电器、速度继电器的接线连接				
	(3)	组内自检、小组互检、教师终检，确定线路的正确性				
	(4)	通电调试、故障排除				
	(5)	教师给予实训最终成绩				
			**3. 做好6S管理**			
	(1)	收好设备、材料				
	(2)	整理好桌面，保证清洁、整齐				
个人自评	技能操作		团队协作	职业素养		总分
小组互评	技能操作		团队协作	职业素养		总分
教师终评	技能操作		团队协作	职业素养		总分

注：个人自评（25%）、小组互评（25%）和教师终评（50%），从技能操作、团队协作、职业素养三个方面综合考虑，得出最终成绩。

2. 任务分组（见表 8 – 4）

表 8 – 4　三相异步电动机电源反接制动控制与实现分组分工表

组号：　　　　　　　　　　组长：　　　　　　　　　　组长联系方式：

成员：

序号	分工项目	负责人	备注

四、任务运作

1. 任务完成检查

通过个人自检、小组互检、教师终检，确定本次任务是否完成到位。

2. 任务总结与反思

本任务在接线时需注意两个接触器不能同时得电的情况，否则会引起两相电源短路故障，因此应再三检查线路，确保实现电气互锁。

任务完成后需撰写实操总结报告，报告可以加深学生对知识点的掌握程度，通过撰写报告可回顾操作过程，提升操作的熟练度，提高学生的技术技能。实操报告包括项目题目、目的、要求、原理图、操作步骤、心得体会等内容，见表 8 – 5。

表 8 – 5　实操总结报告

班级：＿＿＿＿＿＿＿＿　　　　　　　　　　姓名：＿＿＿＿＿＿＿＿

实操项目	
实操目的	
控制要求	
工作原理图	

实操项目	
操作步骤	
心得体会	

3. 任务评价

本任务的评价指标和评价内容在项目评价体系中所占分值及小组评价、教师评价在本项目考核中的比例见表8-6。任课教师对每位学生进行评价，并得出其最后实训成绩，纳入最终的考核成绩。

表8-6 考核评价体系表

班级：_____   姓名：_____

序号	评价指标	评价内容	分值	学习表现（30%）	组内自评（10%）	组间互评（25%）	教师评价（35%）
1	理论知识	是否掌握三相异步电动机的工作原理	40				
2	实操训练	能否顺利完成接线，团队分工合作，互帮互助	50				
3	答辩	本任务涵盖的知识点是否都比较熟悉	10				
4	最终成绩						

知识小词典

电动机能耗制动控制

能耗制动是在电动机脱离三相交流电源后，向定子绕组内通入直流电源，建立静止磁场，转子以惯性旋转，转子导体切割定子恒定磁场产生转子感应电动势，从而产生转子感应电流，利用转子感应电流与静止磁场的作用产生制动的电磁转矩，以达到制动目的。在制动过程中，电流、转速、时间三个参量都在变化，可任取一个作为控制信号。按时间作为变化参量，控制电路简单，实际应用较多。图8-10所示为电动机单向运行时间原则控制的能耗制动控制电路图。

电路的工作原理：电动机现已处于单向运行状态，所以 KM1 通电并自锁。若要使电动机停转，只要按下停止按钮 SB1，KM1 线圈断电释放，其主触头断开，电动机断开三相交流电源。同时，KM2、KT 线圈通电并自锁，KM2 主触头将电动机定子绕组通入直流电源进行能耗制动，电动机转速迅速降低，当转速接近零时，通电延时时间继电器 KT 延时的时间到，KT 常闭延时断开触头动作，使 KM2、KT 线圈相继断电释放，能耗制动结束。

图 8 - 12 中 KT 的瞬动常开触头与 KM2 自锁触头串联，其作用是：当发生 KT 线圈断线或机械卡住故障，致使 KT 常闭通电延时断开触头断不开、常开瞬动触头也合不上时，只要按下停止按钮 SB1，即可成为点动能耗制动。若无 KT 的常开瞬动触头串联 KM2 常开触头，则在发生上述故障，按下停止按钮 SB1 后，将使 KM2 线圈长期通电吸合，使电动机两相定子绕组长期接入直流电源。

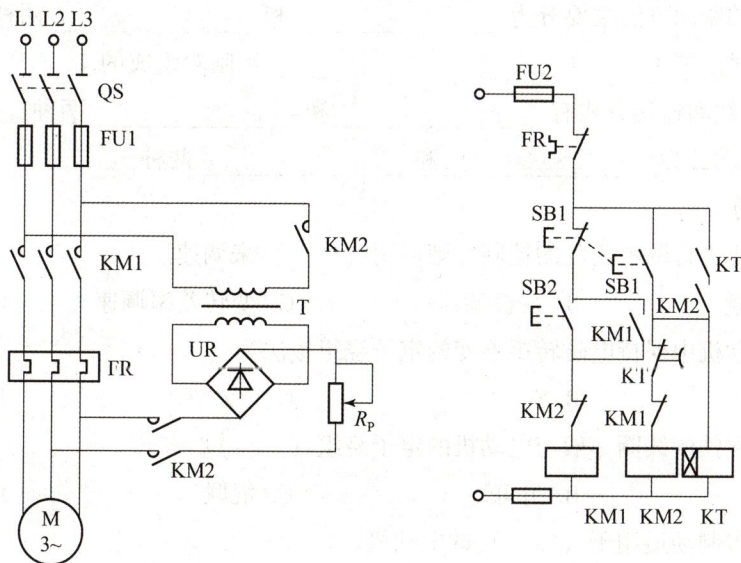

图 8 - 12　电动机单向时间原则能耗制动控制电路

课后习题

一、填空题

1. 三相异步电动机的调速方法有_____、_____和_____三种。

2. 速度继电器是按照_____而动作的继电器，也称为反接控制继电器。

3. 速度继电器主要由_____、_____和_____三部分组成。

4. 速度继电器的定子是一个笼型空心圆环，有_____和_____两种。

5. 双速电动机定子绕组的连接方式有_____和_____两种。

6. 双速电动机定子绕组接成_____为低速，接成_____为高速。

7. 电动机的电磁转矩和电动机的旋转方向相同，我们称电动机处于_____。

8. 电动机的制动方法主要分为_____和_____两种。

9. 制动电磁铁是由_____、_____、_____和闸轮组成的。

10. 电磁铁线圈连接方式有_____和_____两种。

11. 反接制动分为_____和_____两种。

二、选择题

1. 若只需要进行两种速度的控制，则可用（　　）来调速。

A. 变频调速 　　　　B. 变极调速 　　　　C. 变转差率调速 　　　　D. 以上均可

2. 双速电动机中保持电磁转矩不变的定子绕组接法为（　　）。

A. YY 　　　　B. △ 　　　　C. Y／YY 　　　　D. △／YY

3. 制动电磁铁的线圈一般与电动机的定子绕组（　　）。

A. 串联 　　　　B. 并联 　　　　C. 混联 　　　　D. 不确定

4. 电源反接制动适用于（　　）的电动机。

A. 3 kW 以下 　　　　B. 4 kW 以上 　　　　C. 10 kW 以下 　　　　D. 10 kW 以上

三、多选题

1. 速度继电器可根据（　　）来选择。

A. 额定转速 　　B. 控制要求 　　C. 额定电压 　　D. 额定电流 　　E. 额定功率

2. 相较于变频调速，双速电动机调速的特点为（　　）。

A. 结构简单 　　　　　　　　B. 接线方便

C. 造价低廉 　　　　　　　　D. 应用广泛

E. 调速性能好

3. 电动机的电气制动可分为（　　）。

A. 反接制动 　　B. 能耗制动 　　C. 回馈制动 　　D. 电源制动 　　E. 倒拉制动

四、判断题

1. 速度继电器只有一对常开触头和一对常闭触头。（　　　）

2. 速度继电器的接线可将正反触头反接，因为正反是相对而言的。（　　）

3. 变频调速应用十分广泛，但是变极调速的应用场所不适应于变频调速。（　　）

五、简答设计题

1. 简述速度继电器的工作原理。

2. 简述电源反接制动的方法。

3. 简述能耗制动的方法。

4. 总结反接制动、能耗制动和回馈制动之间的优缺点。

任务九
特种电动机的
基础知识与应用

工作手册

姓名：_____

工位号：_____

时间：_____

结构、性能、用途或原理等与常规电动机不同，且体积和输出功率较小的微型电动机或特种精密电动机，统称为特种电动机，一般其外径不大于 130 mm。在自动控制中，越来越多的特种电动机应用于实际生产中，实现对设备的精准控制。

本任务通过步进电动机控制光杆正反转的运行与实现，使学生掌握特种电动机的定义、分类及应用；掌握步进电动机的工作原理和步进驱动器的设置方法；掌握伺服电动机的工作原理和伺服驱动器的参数设置方法。与此同时，在对步进电动机控制光杆正反转线路的连接、调试过程中，进一步加深学生对步进电动机工作原理和电机拖动技术的理解，提高学生对步进电动机正反转控制的认识。

完成如图 9 – 1 所示的步进电动机控制光杆正反转的接线与调试工作。

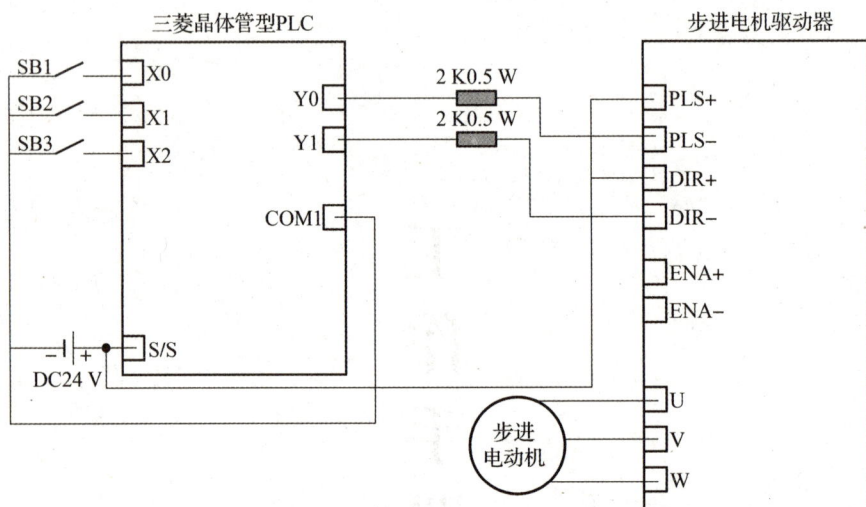

图 9 – 1　步进电动机控制光杆正反转运行与实现

任务目标

任务目标见表 9 – 1。

表 9 – 1　任务目标

序号	类别	目标
一	知识点	1. 步进电动机的基础知识； 2. 步进电动机驱动器的控制原理； 3. 伺服电动机的基础知识； 4. 伺服电动机驱动器的设置原理； 5. 步进电动机控制光杆正反转的运行与实现

序号	类别	目标
二	技能点	1. 步进电动机与伺服电动机的接线； 2. 步进电动机驱动器和伺服电动机驱动器的参数设置； 3. 步进电动机控制光杆正反转的安装与调试； 4. 伺服电动机的应用
三	职业素养	1. 学生发现问题、分析问题、解决问题的能力； 2. 良好的职业素养； 3. 质量、成本、安全、环保意识； 4. 严谨求真的唯物史观； 5. 责任担当的爱国情怀； 6. 精益求精的工匠精神

任务描述

掌握步进电动机与伺服电动机的基础知识；掌握步进电动机驱动器和伺服电动机驱动器的参数设置和应用；掌握步进电动机控制光杆正反转的运行与调试；掌握伺服电动机的应用。

任务重难点

重点：

1. 掌握步进电动机与伺服电动机的基础知识；
2. 掌握步进电动机驱动器和伺服电动机驱动器的参数设置。

难点：

1. 掌握步进电动机驱动器和伺服电动机驱动器的参数设置和接线方法；
2. 掌握步进电动机控制光杆正反转的运行与调试。

问题讨论

讨论分析特种电动机在工业生产中的实际应用案例。

思政主题

一诺千金的优秀品质

秦末有个叫季布的人，一向说话算数，信誉非常高，许多人都同他建立起了浓厚的友情。当时甚至流传着这样的谚语："得黄金百斤，不如得季布一诺。"这就是成语"一诺千金"的由来。后来，他得罪了汉高祖刘邦，被悬赏捉拿。结果他旧日的朋友不仅不被重金所惑，而且冒着灭九族的危险来保护他，遂使他免遭祸殃。一个人诚实有信，自然得道多助，能获得大家的尊重和友谊。反观现在的社会环境，人们常常看不起老实人，远离说实话的人。诚实守信是社会主义核心价值观，是我们每个人应遵循的社会公德，也是十分可贵的职业素养，我们应当发扬。

图9-2所示为社会主义核心价值观。

图9-2　社会主义核心价值观

知识链接

一、步进电动机与驱动器概述

1. 步进电动机

1）定义

步进电动机是将电脉冲信号转变为角位移或线位移的开环控制元件。在非超载的情况下，电动机的转速、停止的位置只取决于脉冲信号的频率和脉冲数，而不受负载变化的影响，即给电动机加一个脉冲信号，电动机则转过一个步距角。这一线性关系的存在，加上步进电动机只有周期性的误差而无累积误差等特点，使得其在速度、位置等需要精准定位的控制领域应用越来越广泛了。图9-3所示为常见步进电动机实物图。

图 9 - 3　常见步进电动机实物图

2）步进电动机的结构

步进电动机主要由两部分构成（见图 9 - 4）：定子和转子，它们均由磁性材料制成。定子、转子铁芯由软磁材料或硅钢片叠成凸极结构，定子、转子磁极上均有小齿，且齿数相等。其中定子有 6 个磁极，定子磁极上套有星形连接的三相控制绕组，每两个相对的磁极为一相，同一相的控制绕组可以串联和并联，组成三个独立的绕组，称为三相绕组，也有做成四相、五相或六相的。转子上没有绕组。转子上相邻两齿间的夹角称为齿距角。

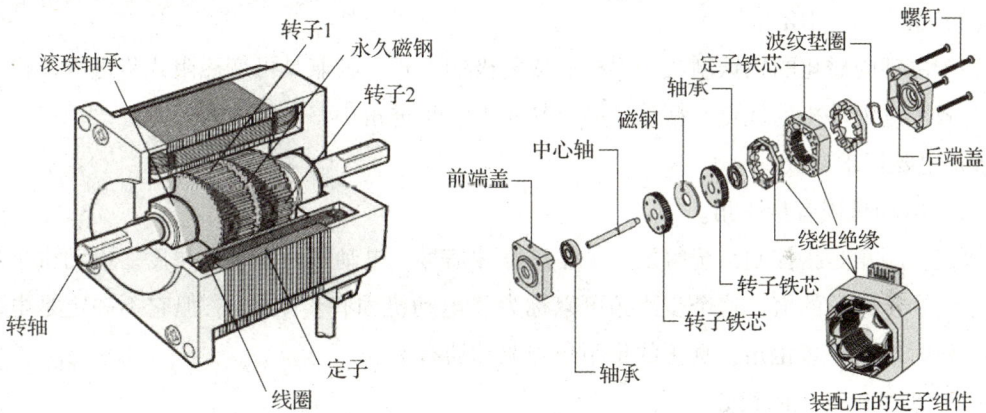

图 9 - 4　步进电动机的结构

3）工作原理

步进电动机又称脉冲电动机，是数字控制系统中的一种重要的执行元件，它是将电脉冲信号变换成转角或转速的执行电动机，其角位移量与输入电脉冲数成正比，转速与电脉冲的频率成正比。在负载能力范围内，这些关系将不受电源电压、负载、环境、温度等因素的影响，还可在很宽的范围内实现调速、快速起动、制动和反转。随着数字技术和电子计算机的发展，使步进电动机的控制更加简便、灵活和智能化，现已广泛用于各种数控机床、绘图机、自动化仪表、计算机外设及数、模变换等数字控制系统中。

它的工作原理是利用电子电路，将直流电变成分时供电的多相时序控制电流，用这种电流为步进电动机供电，步进电动机才能正常工作。驱动器就是为步进电动机分时供电的、多相时序控制器。步进电动机不能直接接到工频交流或直流电源上工作，而必须使用专用的步进电动机驱动器，它由脉冲发生控制单元、功率驱动单元和保护单元等组成。驱动单元与步进电动机直接耦合，也可将其理解成步进电动机微机控制器的功率接口。驱动器和步进电动机是有机的整体，步进电动机的运行性能是电动机及其驱动器二者配合所反映的综合效果。步进电动机的工作原理如图 9 - 5 所示。

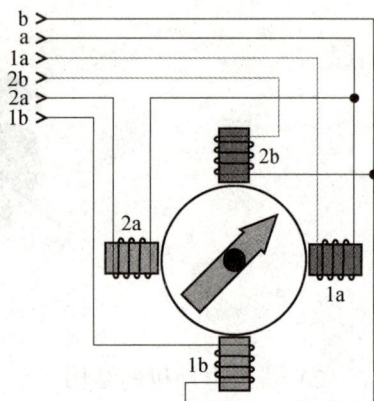

图 9 - 5　步进电动机的工作原理

4）常用步进电动机类型

（1）可变磁阻式（VR 型）。

转子以软铁加工成齿状，当定子线圈不加激磁电压时，保持转矩为零，故其转子惯性小、响应性佳，但其容许负荷惯性并不大，其步进角通常为 15°。

（2）永久磁铁式（PM 型）。

转子由永久磁铁构成，其磁化方向为辐向磁化，无激磁时有保持转矩。依转子材质区分，其步进角有 45°、90° 及 7.5°、11.25°、15°、18° 等几种。

（3）混合式（HB 型）。

转子由轴向磁化的磁铁制成，磁极做成复极的形式，其兼具可变磁阻式步进电动机及永久磁铁式步进电动机的优点，精确度高、转矩大、步进角小。

5）主要技术参数

（1）电动机固有步距角。

固定步距角是指控制系统每发一个步进脉冲信号，电动机所转动的角度。电动机出厂时给出了一个步距角的值，这个步距角可以称为"电动机固有步距角"，但它不一定是电动机实际工作时的真正步距角，真正的步距角与驱动器有关。

（2）步进电动机的相数。

步进电动机的相数是指电动机内部的线圈组数，目前常用的有二相、三相、四相、五相步进电动机。电动机相数不同，其步距角也不同，一般二相电动机的步距角为 0.9°/1.8°，三相的为 0.75°/1.5°，五相的为 0.36°/0.72°。在没有细分驱动器时，用户主要靠选择不同相数的步进电动机来满足自己步距角的要求。如果使用细分驱动器，则"相数"将变得没有意义，用户只需在驱动器上改变细分数即可改变步距角。

（3）保持转矩。

保持转矩是指步进电动机通电但没有转动时，定子锁住转子的力矩。它是步进电动机最重要的参数之一，通常步进电动机在低速时的力矩接近保持转矩。由于步进电动机的输出力矩随速度的增大而不断衰减，输出功率也随速度的增大而变化，所以保持转矩就成为衡量步进电动机最重要的参数之一。比如，人们所说的 2 N·m 的步进电动机，在没有特殊说明的情况下是指保持转矩为 2 N·m 的步进电动机。

（4）钳制转矩。

钳制转矩是指步进电动机没有通电的情况下，定子锁住转子的力矩。由于反应式步进电动机的转子不是永磁材料，所以它没有钳制转矩。

6）步进电动机的特点

（1）一般步进电动机的精度为步进角的3%~5%，且不累积。

（2）步进电动机外表允许的最高温度取决于不同电动机磁性材料的退磁点。当步进电动机温度过高时会使电动机的磁性材料退磁，从而导致力矩下降乃至于失步，因此电动机外表允许的最高温度应取决于不同电动机磁性材料的退磁点。一般来讲，磁性材料的退磁点都在130 ℃以上，有的甚至高达200 ℃以上，所以步进电动机外表温度在80~90 ℃完全正常。

（3）步进电动机的力矩会随转速的升高而下降。当步进电动机转动时，电动机各相绕组的电感将形成一个反向电动势，频率越高，反向电动势越大。在反向电动势的作用下，电动机随频率（或速度）的增大而相电流减小，从而导致力矩下降。

（4）步进电动机低速时可以正常运转，但若高于一定速度就无法起动，并伴有啸叫声。步进电动机有一个技术参数：空载起动频率，即步进电动机在空载情况下能够正常起动的脉冲频率，如果脉冲频率高于该值，则电动机不能正常起动，可能发生丢步或堵转。在有负载的情况下，起动频率应更低。如果要使电动机达到高速转动，脉冲频率应该有加速过程，即起动频率较低，然后按一定加速度升到所希望的高频（电动机转速从低速升到高速）。

2. 步进电动机驱动器的基础知识

1）定义

步进电动机不能直接接到工频交流或直流电源上工作，而必须使用专用的步进电动机驱动器，它由脉冲发生控制单元、功率驱动单元和保护单元等组成。步进电动机驱动器是一种将电脉冲转化为角位移的执行机构。当步进驱动器接收到一个脉冲信号时，它就驱动步进电动机按设定的方向转动一个固定的角度（称为"步距角"），它的旋转是以固定的角度一步一步运行的，可以通过控制脉冲个数来控制角位移量，从而达到准确定位的目的；同时可以通过控制脉冲频率来控制电动机转动的速度和加速度，从而达到调速和定位的目的。步进电动机系统组成如图9-6所示，实物图如图9-7所示。

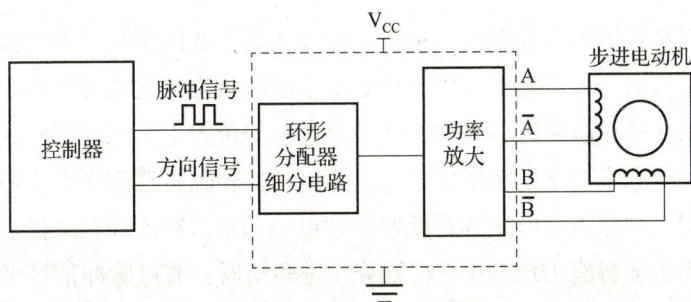

图9-6 步进电机驱动系统

图 9 - 7　步进电动机驱动器的实物图

请查阅步进驱动器的技术手册，掌握驱动器各接线端子的含义及其与 PLC 的接线方法。

2）结构

（1）环行分配器。

根据输入信号的要求产生电动机在不同状态下的开关波形信号。对环行分配器产生的开关信号波形进行 PWM 调制以及对相关的波形进行滤波整形处理，并对电流进行放大，以提升主开关电路；用功率元器件直接控制电动机的各相绕组。

（2）保护电路。

当绕组电流过大时产生关断信号对主回路进行关断，以保护电动机驱动器和电动机绕组。

（3）传感器。

对电动机的位置和角度进行实时监控，并传回信号的产生装置。

3）工作原理

步进电动机有整步、半步和细分三种驱动模式，其主要区别在于电动机线圈电流的控制精度。整步驱动是指同一种步进电动机既可配整步驱动器也可配细分驱动器，但运行效果不同。半步驱动表示在单相激磁时，电动机转轴停至整步位置上，驱动器收到下一脉冲后，如给另一相激磁且保持原来相继处在激磁状态，则电动机转轴将移动半个步距角，停在相邻两个整步位置的中间。细分驱动模式具有低速振动极小和定位精度高两大优点。

本书介绍的为雷赛智能 3DM580 三相细分步进驱动器，通过脉冲信号来控制电动机的运行方式。这类驱动器采用精密电流控制技术设计的高细分三相步进驱动器，而且驱动器与配套三相步进电动机能提高位置控制精度，因此特别适合于要求低噪声、低电机发热与高平稳性的高要求场合。

步进驱动器各端子的功能见表9-2。

表9-2 步进驱动器各端子功能表

名称	功能
PUL+（+5 V） PUL-（+5 V）	脉冲控制信号：脉冲上升沿有效；PUL-高电平时为3~5 V，低电平时为0~0.5 V。为了可靠响应脉冲信号，脉冲宽度应大于1.2 μs。如采用+12 V或+24 V，则需串电阻
DIR+（+5 V） DIR-（+5 V）	方向信号：高/低电平信号，为保证电动机可靠换向，方向信号应先于脉冲信号至少5 μs建立。电动机的初始运行方向与电动机的接线有关，互换三相绕组U、V、W的任何两根线可以改变电动机初始运行的方向，DIR-高电平时为3~5 V，低电平时为0~0.5 V
ENA+（+5 V） ENA-（ENA）	使能信号：此输入信号用于使能或禁止。ENA+接+5 V，ENA-接低电平（或内部光耦导通）时，驱动器将切断电动机各相的电流使电动机处于自由状态，此时步进脉冲不被响应。当不需要用此功能时，使能信号端悬空即可
GND	直流电源地
+V	直流电源正极，+18~+50 V间任何均可
U	三相电源U相
V	三相电源V相
W	三相电源W相

驱动器采用八位拨码开关设定细分精度、动态电流和半流/全流，详细描述如图9-8所示。

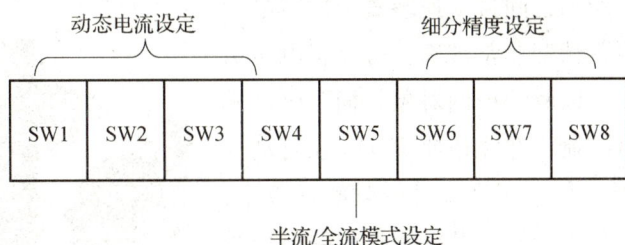

图9-8 步进电动机驱动器

4）技术参数和选用方法

步进电动机驱动器基本参数如下：

（1）供电电源。可据所驱动步进电动机的电源规格进行选择。交流电源供电的，如AC 80 V，可用220 V市电经降压变压器提供给驱动器。选用变压器时，须同时考虑电压和电流两方面的工作参数。如电流值3 A，由算式80 V×3 A=240 V·A得出的是视在功率值，达不到3 A的实际输出能力，应将计算结果再乘以1.5以上的系数，选用220/80 V、

400 V·A 以上的变压器，作为电源输入，二相电动机的供电电压一般为 12~48 V。

（2）输出电流值。产品标注值往往为峰能输出能力，选用时，最低应按步进电动机额定电流值的 2 倍以上。输出电流的挡位，一般操作面板上的拨码开关进行人工整定，如 0.9~3 A。这也是一种过载保护整定，整定值可参考步进电动机的工作电流值，一般有 8 级整定。

（3）励磁方式。励磁方式包括整步、半步、4 细分、8 细分、16 细分、32 细分、64 细分等。半步实际上是 2 细分，细分级别越高，步矩角越小，而电动机转速越低。步进驱动器的控制面板也设有细分拨码开关，对细分值进行设置。

（4）保持转矩。保持转矩是指步进电动机通电但没有转动时，定子锁住转子的力矩，它是步进电动机最重要的参数之一，通常步进电动机在低速时的力矩接近保持转矩。由于步进电动机的输出力矩随速度的增大而不断衰减，输出功率也随速度的增大而变化，所以保持转矩就成为衡量步进电动机最重要的参数之一。比如，人们所说的 2 N·m 的步进电动机，在没有特殊说明的情况下是指保持转矩为 2 N·m 的步进电动机。

二、伺服电动机与驱动器概述

1. 伺服电动机

20 世纪 80 年代以来，随着集成电路、电力电子技术和交流可变速驱动技术的发展，永磁交流伺服驱动技术有了突出的发展，交流伺服系统已成为当代高性能伺服系统的主要发展方向。当前，高性能的电伺服系统大多采用永磁同步型交流伺服电动机，控制驱动器多采用快速、准确定位的全数字位置伺服系统，典型厂家有德国西门子、美国科尔摩根和日本安川等公司。

伺服电动机是指在伺服系统中控制机械元件运转的发动机，是一种补助马达间接变速装置。伺服电动机可使控制速度、位置精度非常准确，可以将电压信号转化为转矩和转速，以驱动控制对象。伺服电动机转子转速受输入信号控制，并能快速反应，在自动控制系统中，用作执行元件，且具有机电时间常数小、线性度高、起始电压小等特性，可把所收到的电信号转换成电动机轴上的角位移或角速度输出。伺服电动机分为直流和交流两大类，其主要特点是，当信号电压为零时无自转现象，转速随着转矩的增加而匀速下降。伺服电动机实物如图 9-9 所示。

图 9-9 伺服电动机与伺服驱动器实物图

伺服电动机的主要外部部件有连接电源电缆、内置编码器、编码器电缆等。其中，编码器电缆和电源电缆为选件。内置编码器的伺服电动机实物如图 9-10 所示。

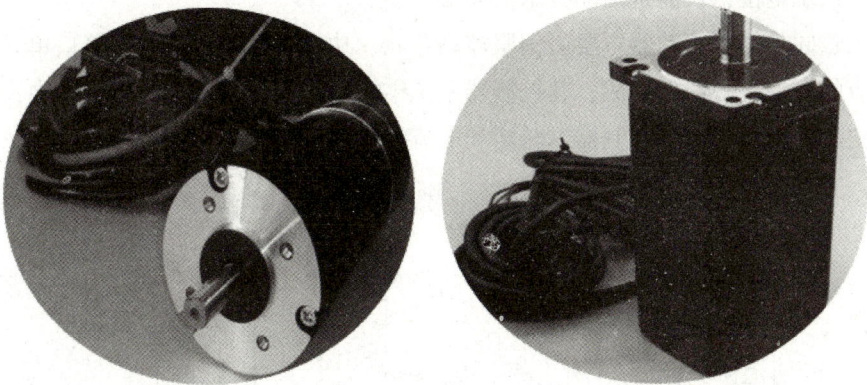

图 9 - 10　内置编码器的伺服电动机

👉　查阅相关资料，简述伺服电动机内置编码器的作用。

在使用伺服电动机时，需要先计算一些关键的电动机参数，如位置分辨率、电子齿轮、速度和指令脉冲频率等，以此为依据进行后面伺服驱动器的参数设置。

位置分辨率（每个脉冲的行程 ΔL）取决于伺服电动机每转的行程 ΔS 和编码器反馈脉冲数目 P_t，如式（9 - 1）所示，反馈脉冲数目则取决于伺服电动机系列。

$$\Delta L = \frac{\Delta S}{P_t} \tag{9 - 1}$$

式中：ΔL——每个脉冲的行程（mm/P）；

ΔS——伺服电动机每转的行程（mm/r）；

P_t——反馈脉冲数目（p/r）。

当驱动系统和编码器确定之后，在控制系统中 ΔL 为固定值。但是，每个指令脉冲的行程可以根据需要利用参数进行设置。

伺服电动机以指令脉冲数和反馈脉冲频率相等时的速度运行。因此，指令脉冲频率和反馈脉冲频率相等，电子齿轮比与反馈脉冲的关系如下：

$$f_0 \frac{CMX}{CDV} = P_t \frac{N_0}{60} \tag{9 - 2}$$

式中：f_0——指令脉冲频率（采用差动线性驱动器）（p/s）；

N_0——伺服电动机转速（r/min）；

P_t——反馈脉冲数目（p/r）。

2. 伺服驱动器

1）认识伺服驱动器

伺服驱动器又称"伺服控制器""伺服放大器"，是用来控制伺服电动机的一种控制器，其作用类似于变频器作用于普通交流电动机，属于伺服系统的一部分，主要应用于高精度的定位系统。伺服驱动器一般通过位置、速度和力矩三种方式对伺服电动机进行控制，实现高精度的传动系统定位，目前是传动技术的高端产品。

交流永磁同步伺服驱动器主要由伺服控制单元、功率驱动单元、通信接口单元、伺服电动机及相应的反馈检测器件组成，其控制器系统结构框图如图 9-11 所示。其中，伺服控制单元包括位置控制器、速度控制器、转矩和电流控制器等。

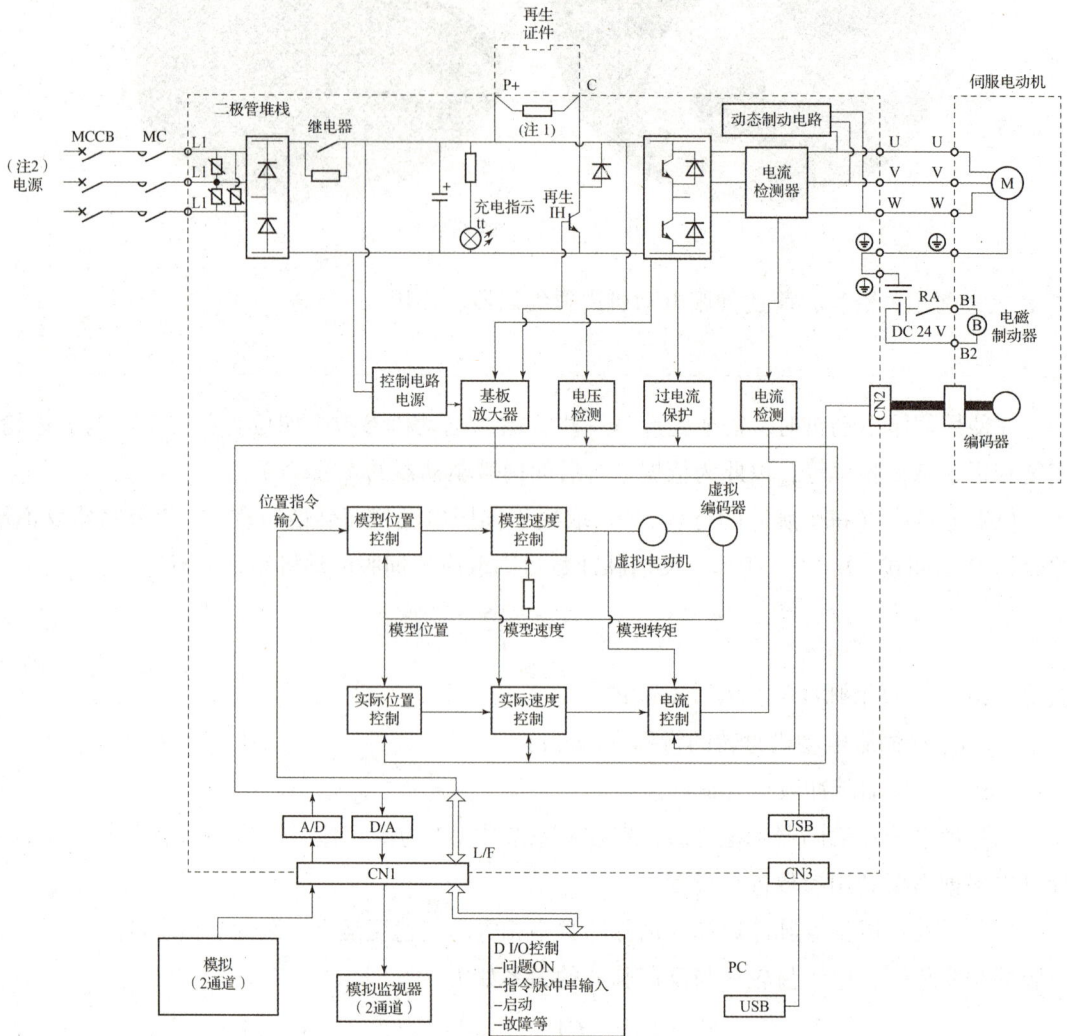

图 9-11　伺服驱动器控制器系统结构框图

伺服驱动器一般为三个闭环负反馈 PID 调节系统，最内侧是电流环，第二环是速度环，最外侧是位置环。

2）伺服驱动器参数设置

本书介绍的是三菱 MR-JE 系列伺服驱动器，其面板布局及各部分功能如图 9-12 所示。伺服驱动器由显示部分、操作部分、外设接口、接线端口等组成。其中，显示部分可以显示伺服电动机的状态和故障编号；操作部分可设置参数和调整模式；外设接口可与电源、计算机、编码器等设备相连；接线端口可用于完成电路的连接。

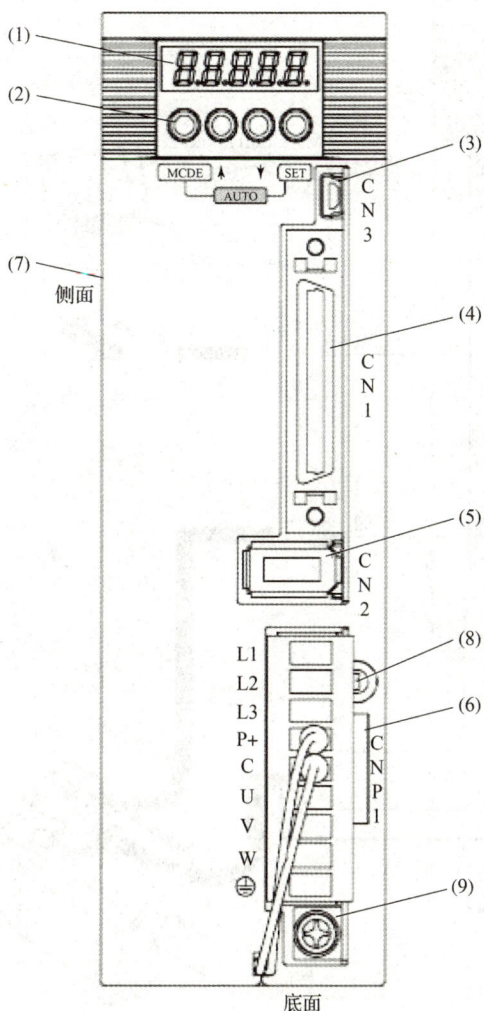

编号	名称和用途
(1)	显示部位 在5位7段的LED中显示伺服的状态以及报警编号
(2)	操作部位 对状态显示、诊断、报警以及参数进行操作，同时按下"MODE"与"SET"3 s以上后，将会进入单键调整模式。 —— 变更模式 —— 变更各模式下的显示数据 —— 设置数据 —— 进入单键调整模式
(3)	USB通信用连接器(CN3) 与个人电脑连接
(4)	输入/输出信号用连接器(CN1) 连接数字输入/输出信号，模拟输入信号以及模拟监视器输出信号
(5)	编码器连接器(CN2) 连接伺服电动机编码器
(6)	电源连接器(CNP1) 连接输入电源，内置再生电阻器、再生选件以及伺服电动机
(7)	铭牌
(8)	充电指示灯 主电路存在电荷时亮灯，亮灯时请勿进行电线的连接和更换等
(9)	保护接地（PE）端子 接地端子

图 9 – 12   伺服驱动器面板

伺服驱动系统主要由电源、PLC、伺服驱动器、伺服电动机等组成。电源部分给系统供电，PLC发送指令控制伺服电动机正反转和调节脉冲，伺服驱动器控制伺服电动机运行。伺服驱动系统连接图如图9 – 13所示。

三、步进电动机控制光杠正反转运行与实现

在实际工业生产过程中，时常需要利用步进电动机控制机构的正反转运行。因步进驱动器需接收换向信号和脉冲信号，所以需由PLC控制。图9 – 14所示为PLC控制步进电动机实现正反转运行的电气原理图，具体控制要求为：驱动器细分设置5 000步/转，步进电动机转一圈丝杠移动5 mm。起动PLC，闭合SB1，PLC程序开始执行，电动机开始正向转动10 s，随后电动机自动停止；闭合SB2，电动机将反向转动6 s，随后电动机自动停止。正反转可随意切换，运行中只要闭合SB3，电动机将停转。

PLC I/O 地址分配见表9 – 3。

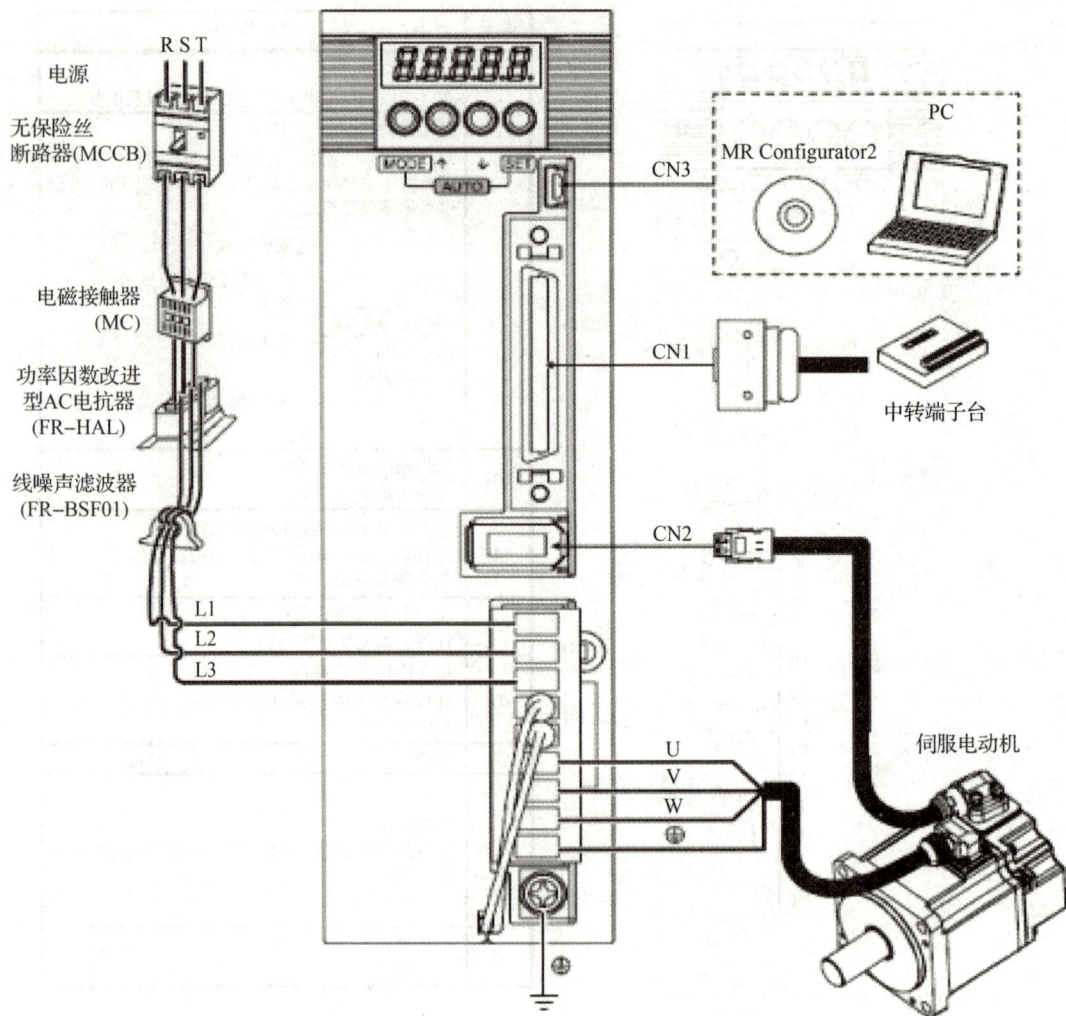

电源
R S T

无保险丝
断路器(MCCB)

电磁接触器
(MC)

功率因数改进
型AC电抗器
(FR–HAL)

线噪声滤波器
(FR–BSF01)

L1
L2
L3

U
V
W

MODE ↑ ↓ SET
AUTO

CN3

CN1

CN2

PC
MR Configurator2

中转端子台

伺服电动机

图 9 – 13   伺服驱动系统连接图

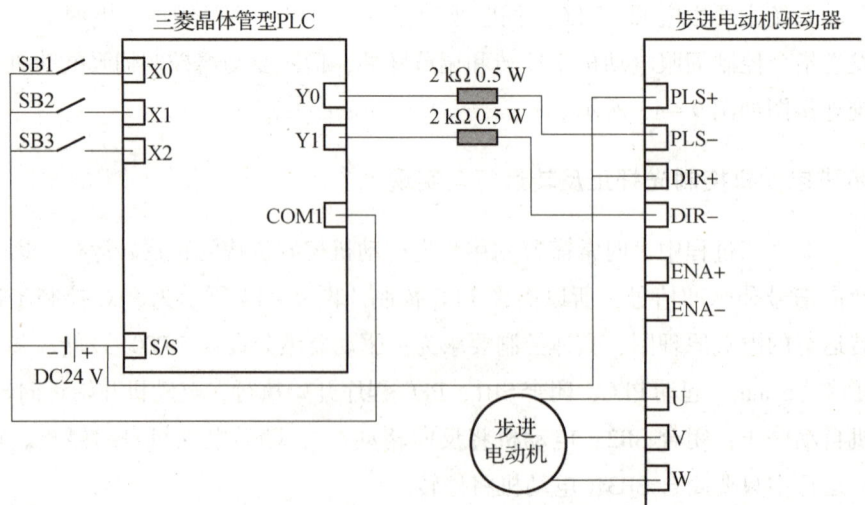

三菱晶体管型PLC

步进电动机驱动器

SB1   X0
SB2   X1
SB3   X2

Y0
Y1

COM1

S/S
DC24 V

2 kΩ 0.5 W
2 kΩ 0.5 W

PLS+
PLS–
DIR+
DIR–
ENA+
ENA–

U
V
W

步进
电动机

图 9 – 14   步进电动机正反转控制电气原理图

表 9 – 3　PLC I/O 地址分配表

输入信号		输出信号	
元件/信号名称	PLC 输入点	元件/信号名称	PLC 输出点
正转起动按钮 SB1	X0	步进驱动器脉冲	Y0
反转起动按钮 SB2	X1	步进驱动器方向	Y1
停止按钮 SB3	X2		

三菱 PLC 参考程序如图 9 – 15 所示。

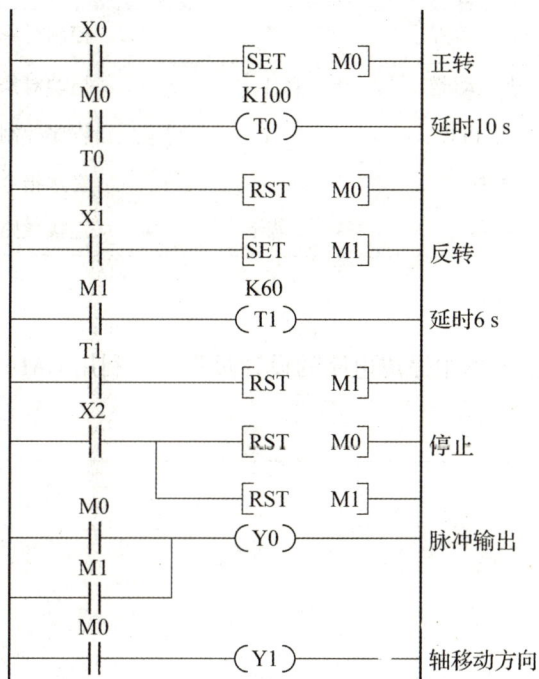

图 9 – 15　步进电动机正反转控制 PLC 程序（参考）

在下述三菱程序中，定时器上 K100 表示的意思是什么呢？

任务实施

步进电动机控制光杆正反转的控制与实现。

本任务要求学生坚持以 CDIO（构思→设计→实现→运作）理念为指导，完成步进电动机控制光杆正反转的控制与实现。

一、任务构思

步进电动机如何实现对设备的正反转控制呢？

根据步进电动机和步进驱动器的工作原理，可知需由 PLC 发出脉冲信号输送至步进驱动器中，才能控制步进电动机的运转；通过程序输出相反的信号，方能实现步进电动机的换向。

二、任务设计

1. 材料清单（见表 9-4）

表 9-4　设备清单

类型	名称	数量	功能	备注
设备	步进电动机	1	控制对象	
	步进驱动器	1	拖动对象	
	三菱 PLC	1	程序控制	
	按钮	3	发送指令	
材料	导线	若干	连接线路	

2. 仿真设计

请在如图 9-16 所示图框中完成电路的设计过程，并利用 CAD 电气制图模拟软件完成电路的仿真和分析。

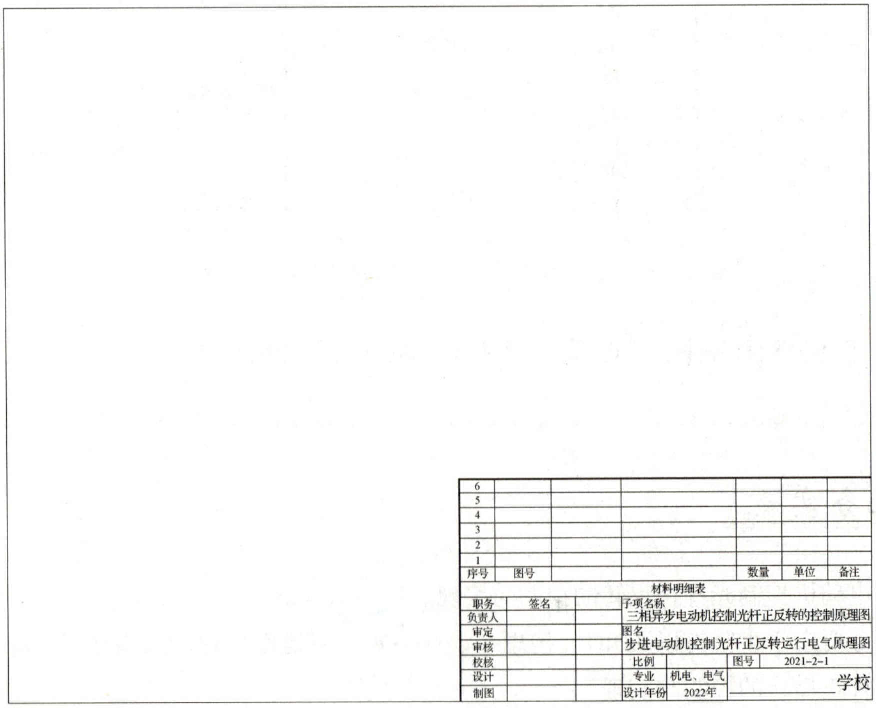

6					
5					
4					
3					
2					
1					
序号	图号		数量	单位	备注

材料明细表

职务	签名	子项名称	三相异步电动机控制光杆正反转的控制原理图		
负责人					
审定		图名			
审核		步进电动机控制光杆正反转运行电气原理图			
校核		比例		图号	2021-2-1
设计		专业	机电、电气		_____学校
制图		设计年份	2022年		

图 9-16　步进电动机控制光杆正反转的控制原理图

三、任务实现

1. 操作工单（见表 9-5）

表 9-5　操作工单

学生姓名		班级		成绩	
任务描述	步进电动机控制光杆正反转的控制与实现				
任务目标	1. 能分析步进电动机控制光杆正反转的控制原理； 2. 能正确选择器件，并正确完成接线； 3. 完成步进电动机控制光杆正反转的接线和调试				
设备工具	步进电动机；步进驱动器、三菱 PLC、按钮；连接线、万用表				
信息获取	1. 获取步进电动机信息 型号：_____　　　　　　接线端子：_____ 2. 获取步进驱动器信息 型号：_____　　　　　　接线方法：_____ 3. 获取三菱 PLC 信息 型号：_____　　　　　　接线方法：_____				
操作流程	1. 准备工作				
	（1）	设备选择	操作要点和注意事项		
	（2）	材料准备			
	（3）	设备检查			
	2. 步进电动机控制光杆正反转的接线与调试				
	（1）	引进电源，完成电源接线			
	（2）	根据电路图，完成按钮、PLC、步进电动机、步进驱动器的接线，并设置好驱动器参数			
	（3）	组内自检、小组互检、教师终检，确定线路的正确性			
	（4）	通电调试、故障排除			
	（5）	教师给予实训最终成绩			

学生姓名			班级		成绩	
操作流程			3. 做好 6S			
	(1)	收好设备、材料				
	(2)	整理好桌面，保证清洁、整齐				
个人自评	技能操作		团队协作	职业素养	总分	
小组互评	技能操作		团队协作	职业素养	总分	
教师终评	技能操作		团队协作	职业素养	总分	

注：个人自评（25%）、小组互评（25%）和教师终评（50%），从技能操作、团队协作、职业素养三个方面综合考虑，得出最终成绩。

2. 任务分组（见表 9-6）

表 9-6　步进电动机控制光杆正反转的控制与实现分组分工表

组号：　　　　　　　　组长：　　　　　　　　组长联系方式：

成员：

序号	分工项目	负责人	备注

四、任务运作

1. 任务完成检查

通过个人自检、小组互检、教师终检，确定本次任务是否完成到位。

2. 任务总结与反思

本任务是在掌握步进电动机工作原理的基础上，完成步进电动机控制光杆正反转的接线，并需要利用 PLC 发送脉冲信号实现电动机的控制，涉及内容广泛，但接线简单，调试方便，容易实现。

任务完成后需撰写实操总结报告，报告可以加深学生对知识点的掌握程度，通过撰写报告可回顾操作过程，提升操作的熟练度，提高学生的技术技能。实操总结报告包括项目题目、目的、要求、原理图、操作步骤、心得体会等内容，见表 9-7。

表 9-7 实操总结报告

班级：＿＿＿＿＿＿＿＿＿＿　　　　　　　　姓名：＿＿＿＿＿＿＿＿＿＿

实操项目	
实操目的	
控制要求	
工作原理图	
操作步骤	
心得体会	

3. 任务评价

本任务的评价指标和评价内容在项目评价体系中所占分值及小组评价、教师评价在本项目考核中的比例见表 9-8。任课教师对每位学生进行评价，并得出其最后实训成绩，纳入最终的考核成绩。

表 9-8 考核评价体系表

班级：＿＿＿＿＿＿＿＿＿＿　　　　　　　　姓名：＿＿＿＿＿＿＿＿＿＿

序号	评价指标	评价内容	分值	学习表现（30%）	组内自评（10%）	组间互评（25%）	教师评价（35%）
1	理论知识	是否掌握三相异步电动机的工作原理	40				

序号	评价指标	评价内容	分值	学习表现（30%）	组内自评（10%）	组间互评（25%）	教师评价（35%）
2	实操训练	能否顺利完成接线，团队分工合作，互帮互助	50				
3	答辩	本任务涵盖的知识点是否都比较熟悉	10				
4		最终成绩					

知识小词典

三菱 PLC 基础知识

1. PLC 的基础知识

1）PLC 的基本结构（见图 9 – 17）

PLC 主要由中央处理单元（CPU）、存储器（RAM 和 ROM）、输入/输出接口电路、编程器、电源、I/O 扩展口、外部设备接口等组成。其内部采用总线结构进行数据和指令的传输。PLC 实施控制的基本原理是采集外部各种开关信号、模拟信号以及传感器检测的各种信号作为 PLC 的输入变量，经过 PLC 外部输入端子输入到内部寄存器中，经过 PLC 内部逻辑运算或其他各种运输处理后送到输出端子，作为 PLC 的输出变量对外围设备进行各种控制。

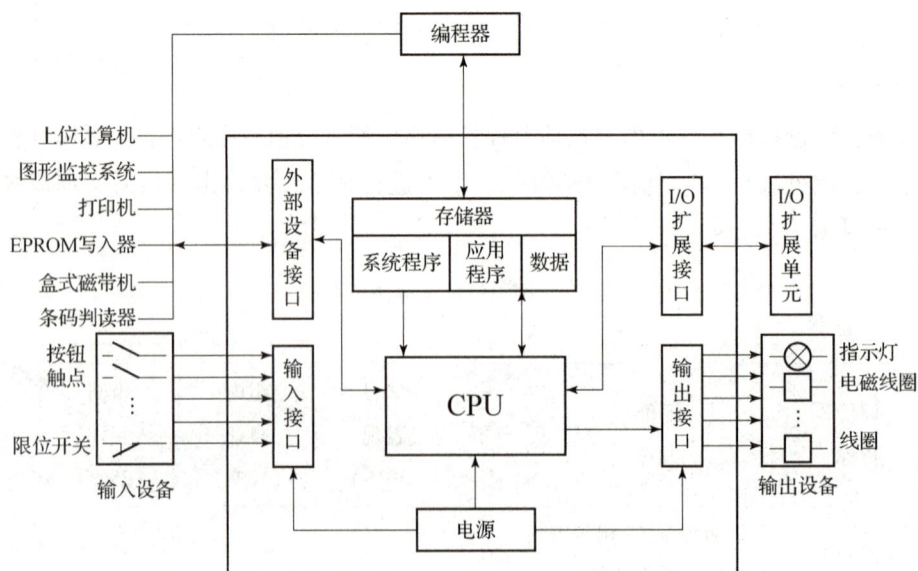

图 9 – 17　PLC 的基本结构图

2）PLC 的工作原理

PLC 以 CPU 为核心，故具有微机的许多特点，但它的工作方式却与微机有很大不同。微机一般采用等待命令的工作方式，而 PLC 则采用循环扫描的工作方式。

在 PLC 中用户程序按先后顺序存放，CPU 从第一条指令开始，按指令步序号做周期性的循环扫描，如果无跳转指令，则从第一条指令开始逐条顺序执行用户程序，直至遇到结束符又返回第一条指令，周而复始不断循环，因此称为循环扫描工作方式。一个完整的工作过程主要分为三个阶段，如图 9 - 18 所示。

（1）输入采样阶段：CPU 扫描所有的输入端口，读取其状态并写入输入映像寄存器。完成输入端采样后，关闭输入端口，转入程序执行阶段。在程序执行期间无论输入端状态如何变化，输入映像寄存器的内容不会改变，直到下一个扫描周期。在输入采样阶段，PLC 把所有外部数字量输入电路的 I/O 状态（或称 ON/OFF 状态）读入输入映像寄存器，当外部输入电路闭合时，对应的输入映像寄存器为 1 状态；当外部输入电路断开时，对应的输入映像寄存器为 0 状态。

（2）程序执行阶段：执行程序时，根据用户输入程序，从第一条开始逐条执行，并将相应的逻辑运算结果存入对应的内部辅助寄存器和输出映像寄存器。当最后一条控制程序执行完毕后，即转入输出刷新阶段。

（3）输出刷新阶段：在所有指令执行完毕后，将输出映像寄存器中的内容依次送到输出锁存电路，通过一定方式的输出，驱动外部负载，形成 PLC 的实际输出。

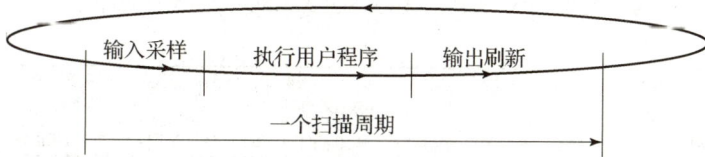

图 9 - 18　PLC 的循环扫描工作过程

2. 三菱 FX 系列 PLC 的技术指标和安装接线

1）三菱 FX 系列 PLC 的硬件结构

PLC 系统通常由基本单元、扩展单元、扩展模块及特殊功能模块组成，如图 9 - 19 所示。PLC 的基本单元（即主单元）是 PLC 控制的核心；扩展单元是扩展 I/O 点数的装置，内部有电源；扩展模块用于增加 I/O 点数和改变 I/O 点数的比例，内部无电源，由基本单元或扩展单元供电，扩展单元和扩展模块均无 CPU，必须与基本单元一起使用；特殊功能模块是一些具有特殊用途的装置。

2）PLC 的接线

PLC 的外部端子包括 PLC 电源端子（L、N 和接地）、供外部传感器用的 DC 24 V 电源端子（24 V/0 V）、输入端子（X）和输出端子（Y）等。外部端子主要完成输入、输出（即 I/O）信号的连接，是 PLC 与外部输入、输出设备连接的桥梁。

输入端子与输入信号相连，PLC 的输入电路通过其输入端子可随时检测 PLC 的输入信

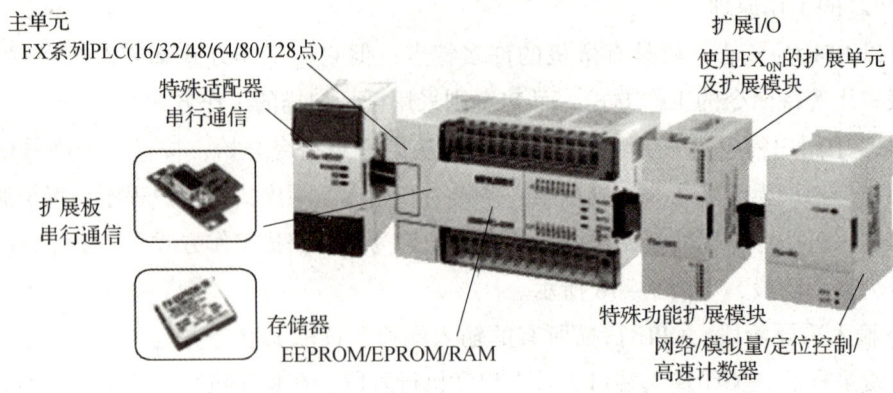

图 9 – 19　PLC 系统外部硬件结构

息，即通过输入元件（如按钮、转换开关、行程开关、继电器的触头和传感器等）连接到对应的输入端子上，通过输入电路将信息送至 PLC 内部进行处理，一旦某个输入元件的状态发生变化，则对应输入点的状态也随之变化。输出电路就是 PLC 的负载驱动回路，通过输出点将负载和负载电源连接成一个回路，这样负载就由 PLC 的输入点来控制。三菱 FX 系列 PLC 的输入、输出信号连接示意图如图 9 – 20 所示。负载电源的规格应根据负载的需求和输出点的技术规格来选择。

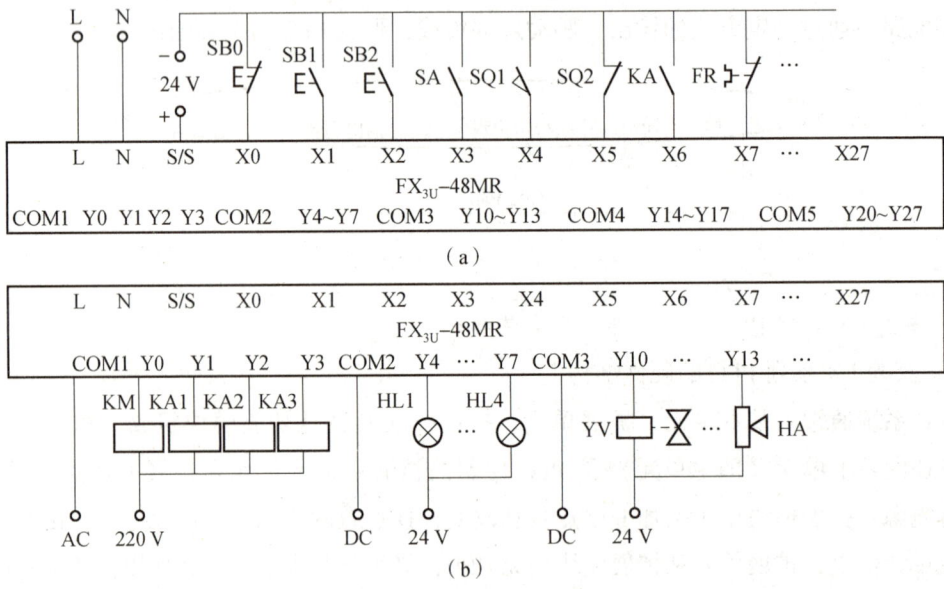

图 9 – 20　三菱 FX 系列 PLC 的输入、输出信号连接示意图

3）PLC 的编程语言

PLC 是专为工业自动化控制而开发、研制的自动控制装置，它直接面向用户，面对生产一线的电气技术人员及操作维修人员，因此简单易懂、易于掌握。PLC 的编程语言标准（IEC61131 – 3）中共有五种语言，分别是梯形图、指令表、顺序功能图、功能块图和结构文本语言。下面主要介绍梯形图语言。

梯形图语言又称为梯形图（LAD），是一种以图形符号及其在图中的相互关系来表示控制关系的编程语言，是在继电器—接触器控制原理图的基础上产生的一种直观、形象的图形逻辑编程语言，极易被接受，因此在 PLC 编程语言中应用最为广泛。继电器—接触器控制电路图与相应梯形图语言的比较实例如图 9 – 21 所示，梯形图沿用了继电器的触头、线圈和串并联等术语。图 9 – 21 （b）中常开触头 X000、常闭触头 X001 和输出线圈 Y000，分别对应着图 9 – 21 （a）中的起动按钮 SB1、停止按钮 SB2 和接触器线圈 KM。

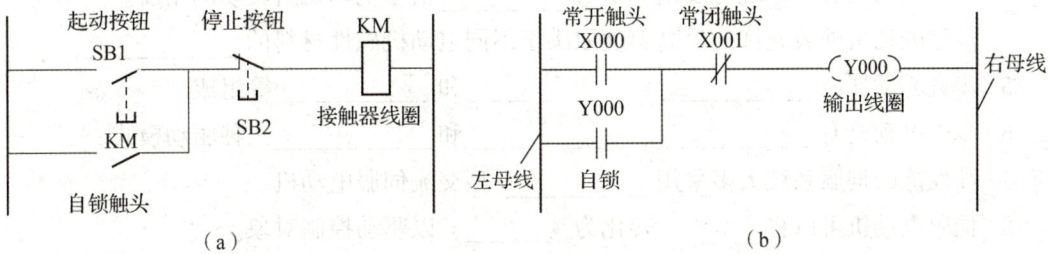

图 9 – 21　继电器—接触器控制电路图与相应梯形图语言的比较实例
(a) 继电器—接触器控制电路图；(b) PLC 梯形图

梯形图与继电器—接触器控制电路所不同的是，继电器—接触器控制电路中各个元件、触头以及电流都是真实存在的，每一个线圈只能带几对触头；而梯形图中所有的触头、线圈等都是软元件，没有实物与之对应，电流也不是实际意义上的电流。因此，理论上梯形图中的线圈可以带无数个动合触头和动断触头。

课后习题

一、填空题

1. 步进电动机是将_____转换为_____的开环控制元件。

2. 步进电动机主要由_____和_____两部分组成。

3. 步进电动机表示系统每发出一个_____信号电动机所转动的角度。

4. 步进电动机外表允许的最高温度取决于不同电动机磁性材料的_____。

5. 步进驱动器由_____、_____和_____等组成。

6. 步进电动机有_____、_____和_____三种驱动模式。

7. 高性能的伺服系统大多采用_____型交流伺服电动机。

8. 伺服电动机可以将_____转化为_____，以驱动控制对象。

9. 使用伺服电动机需计算_____、_____、_____和_____等参数。

10. 伺服驱动器一般通过_____、_____和_____三种方式对伺服电动机进行控制。

11. 伺服驱动器一般采用_____、_____和_____实现三级闭环 PID 调节控制。

二、选择题

1. 步进电动机的转速与电脉冲的频率值成（　　　）。

A. 正比　　　　　　B. 反比　　　　　　C. 比例关系　　　　　　D. 无关系

2. 步进电动机的力矩会随转速的升高而（　　　）。

A. 升高　　　　　　B. 降低　　　　　　C. 不变　　　　　　D. 不确定

3. 步进电动机的动态电流根据（　　　）设定。

A. 线路电流　　　　　　　　　　　　B. 控制设备电流

C. 步进电动机额定电流　　　　　　　D. 任意设置

三、判断题

1. 步进电动机的转速、行走的距离不仅仅只取决于脉冲信号的频相冲数。（　　　）

2. 步进电动机不能直接接到工频交流或直流电源上，必须使用专用的步进电动机驱动器。（　　　）

3. 所有步进电动机在未通电时，可以手动转动其转子。（　　　）

4. 步进电动机在任何速度下均可自由起动运行。（　　　）

5. 与步进电动机相比，伺服电动机的控制精度高于步进电动机。（　　　）

四、简答设计题

1. 简述步进电动机的工作原理。

2. 简述步进电动机驱动器中环形分配器的作用。

3. 利用三菱 PLC 控制伺服驱动器实现对伺服电动机的正反转控制。请根据控制要求，自行选择合适的元器件，完成电气原理图的设计。

任务十
实际生产
典型案例

工作手册

案例1

电动葫芦电气控制系统安装与调试。

一、电动葫芦概述

电动葫芦是一种起重重量较小、结构简单的起重机械，广泛应用于工矿企业中，进行小型设备的吊运、安装和修理工作，由于其体积小，故占用厂房的面积较少，使用起来灵活方便。电动葫芦一般分为钢丝绳电动葫芦和环链电动葫芦两种。CD 型钢丝绳电动葫芦由提升机构和移动装置构成，并分别用电动机拖动。常见的电动葫芦由 3 个电动机控制，进行上、下、左、右、前、后六个方向的运行。

电动葫芦实物图如图 10 – 1 所示，该电动葫芦由两个电动机控制，能实现上、下、左、右四个方向的运行。导轮的钢丝卷筒 4 由升降电动机 2 拖动。电动葫芦借用导轮的作用，在工制钢架上来回移动，导轮则由移动电动机 1 带动。电动葫芦用撞块和行程开关进行向上、向下及向左和向右的终端保护，其位置保护由行程开关实现。

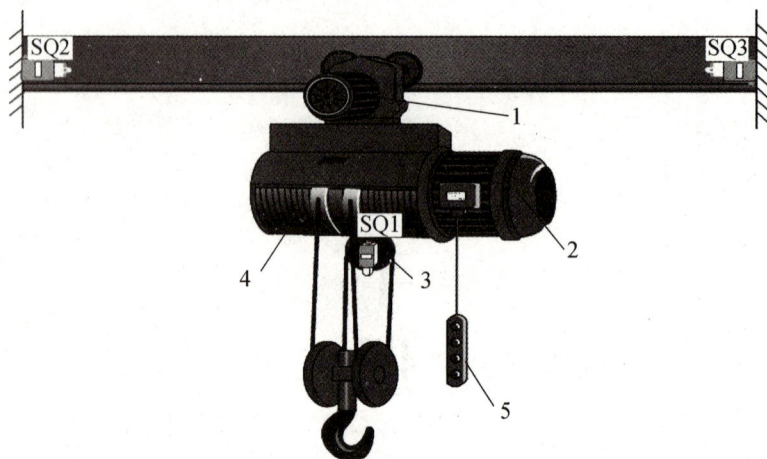

图 10 – 1　电动葫芦实物图

1—移动电动机；2—升降电动机；3—限位开关；4—卷筒；5—控制按钮

二、电气设计与分析

电动葫芦电气原理图如图 10 – 2 所示。电源由电网经电源开关 QS、熔断器 FU 和接触器 KM 供给主电路和控制电路。主电路通过接触器 KM1、KM2 和 KM3、KM4 分别控制升降电动机 M1 和移动电动机 M2 的正反向运转，以达到提升、下降重物和使电动葫芦左右移动。

SB1、SB2、SB3 和 SB4 分别是上、下、左、右的点动控制按钮，形成机械互锁，可以保证在操作人员离开按钮盒时，电动葫芦的电动机自动断电停转。为了防止电动机正反向同

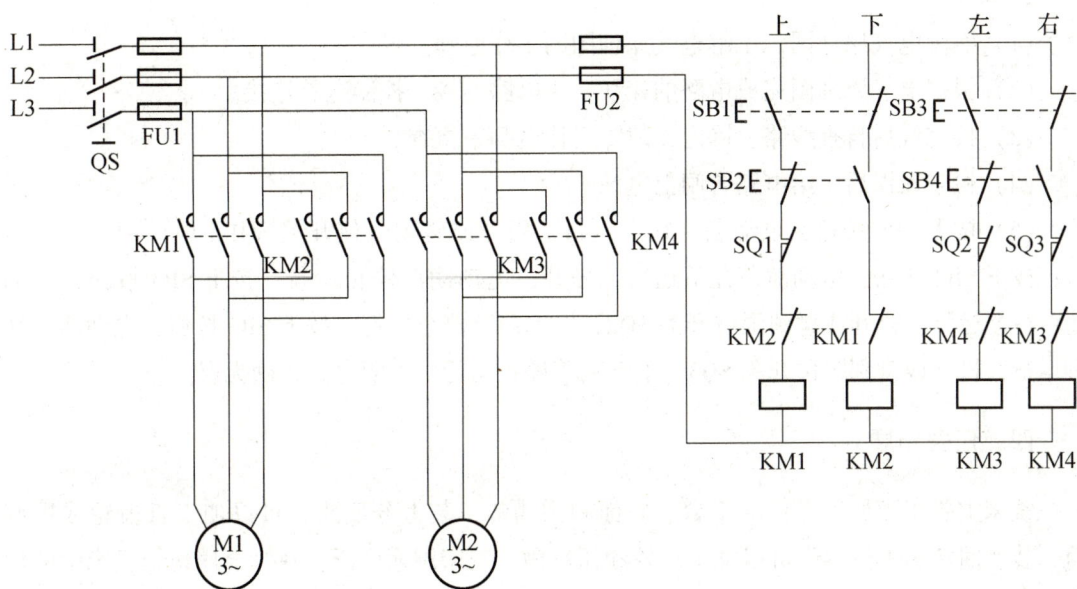

图 10-2　电动葫芦电气原理图

时通电，通常采用接触器联锁与按钮联锁的双重互锁。SQ1、SQ2 和 SQ3 分别作为上、左和右的限位保护。按下 SB1 按钮，其动断触点断开，KM2 线圈无法得电，实现了按钮联锁；KM1 线圈得电吸合，KM1 主触点闭合，升降电动机 M1 上行，KM1 常闭触点断开，实现电气互锁。当撞块碰到了行程开关 SQ1 时，KM1 线圈失电，M1 停车。在整个运行过程中，一旦松开 SB1 按钮，M1 立即停车。SB2、SB3 和 SB4 控制与 SB1 相同。

三、控制系统的安装与调试

1. 设备清单（见表 10-1）

表 10-1　设备清单

类型	名称	数量	功能	备注
设备	三相异步电动机	2	控制对象	
	低压断路器	1	接通、断开电路	
	熔断器	5	短路保护	
	按钮	4	控制电路	
	交流接触器	4	自动控制	
	行程开关	3	限位保护	
材料	导线	若干	连接电路	

2. 操作步骤

（1）熟读电气原理图，了解电气原理图的工作原理。

（2）根据电气原理图完成电路的接线：主电路连接、控制电路连接。

（3）接完线后自查线路，确定无故障后让老师来检查。

（4）检查无误后，给电路合闸上电。

（5）按下 SB1 按钮，电动葫芦往上运行，松开或碰到限位开关 SQ1，电动葫芦停止运行；按下 SB2 按钮，电动葫芦往下运行，松开，电动葫芦停止运行；按下 SB3 按钮，电动葫芦往左运行，松开或碰到限位开关 SQ2，电动葫芦停止运行；按下 SB4 按钮，电动葫芦往右运行，松开或碰到限位开关 SQ3，电动葫芦停止运行。说明电路正确无误。

四、任务拓展

铣床主要用于加工零件的平台、斜面和沟槽等，装上分度头，可以加工直齿轮或螺旋面，装上回转圆工作台则可以加工凸轮和弧形槽。铣床用途广泛，在大金属切削机床中的使用数量仅次于车床。常见的铣床有很多种类，卧式铣床是应用最为广泛的铣床之一。卧式万能铣床有三种运动：一是主轴运动，即主轴带动铣刀的旋转运动；二是进给运动，即加工中工作台带动工件的移动或圆工作台的旋转运动；三是辅助运动，即工作台带动工件在三个方向的快速移动，以及悬梁、刀杆的移动。万能铣床的控制要求如下：

（1）万能卧式铣床的主运动和进给运动之间没有速度比例协调的要求，所以主轴与工作台各自采用单独的鼠笼式异步电动机拖动。

（2）主轴电动机 M1 是在空载时直接起动的，为完成顺铣和逆铣，要求有正转和反转，可根据铣刀的种类预先选择转向，而在加工过程中不变换转向。

（3）为了减小负载波动对铣刀转速的影响，以保证加工质量，主轴上装有飞轮，其转动惯量较大。为此，要求主轴电动机有停车制动控制，以提高工作效率。

（4）工作台的纵向、横向和垂直三个方向的进给运动由一台进给电动机 M2 拖动，三个方向的选择由两套操纵手柄通过不同的传动链来实现。每个方向有正、反向运动，要求 M2 能正、反转。同一时间只允许工作台沿一个方向移动，故三个方向的运动之间应有联锁保护。

（5）使用圆工作台时，要求圆工作台的旋转运动与工作台的垂直、横向和纵向三个方向的运动之间有联锁控制，即圆工作台旋转时，工作台不能向其他方向移动。

根据以上控制要求，完成铣床的电气原理图设计。

铣床电气原理图（参考）如图 10-3 所示。

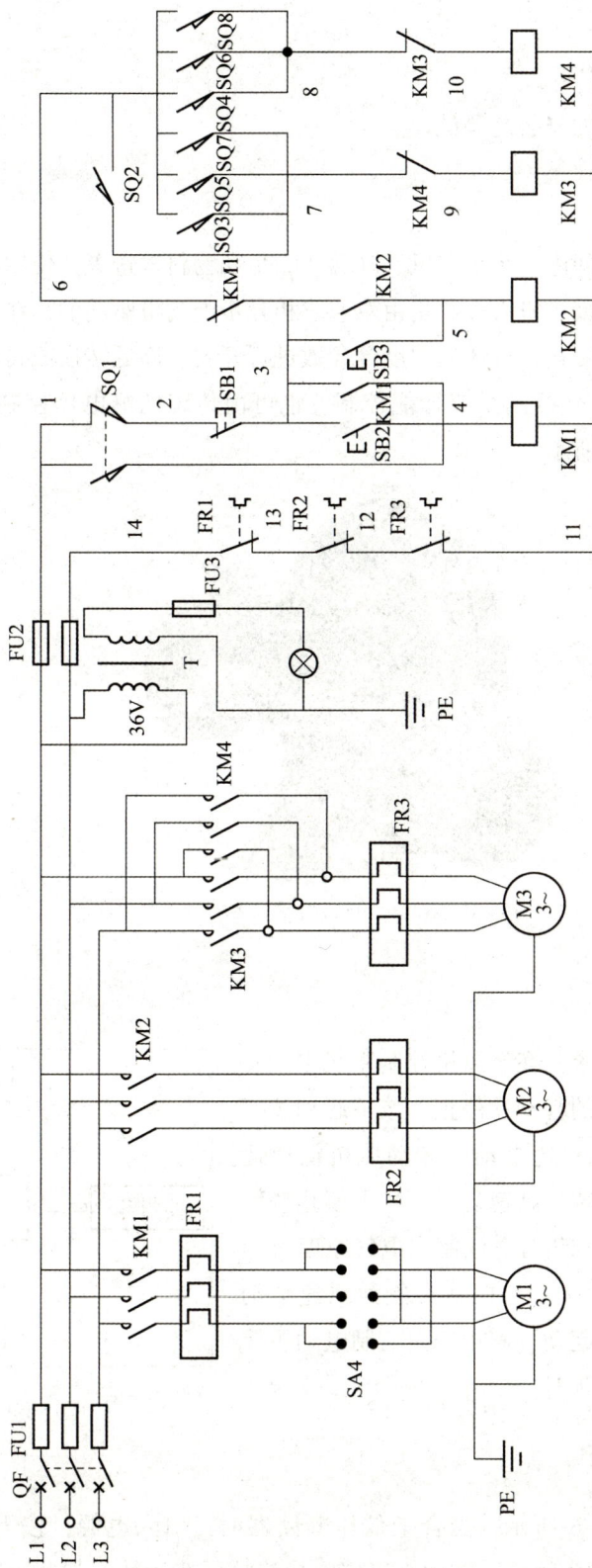

图 10 - 3　铣床电气原理图（参考）

鼓风机电气控制系统的安装与调试。

一、鼓风机概述

在现代企业的生产车间中，为了通风、降温、除尘和物料输送等，使用着大大小小各种不同型号的鼓风机。这些鼓风机大多数是由双速三相异步电动机驱动的，在工作中还要根据生产的进度、温度环境的变化、气体的浓度等参数进行开关、高低转换或自动控制。鼓风机控制系统可由 PLC 现代电气控制系统智能控制，也可由传统的继电器控制系统实现控制。鼓风机实物图如图 10 - 4 所示。

图 10 - 4　鼓风机实物图

二、系统方案要求

鼓风机常见的控制要求：在鼓风机控制系统中，有两个按钮分别控制鼓风机的起动和停止。按下起动按钮后鼓风机系统起动，首先双速电动机带动风机低速运行，10 s 后，双速电动机转为高速运行，按下停止按钮停止运行。请根据控制要求设计并绘制出电气原理图。

系统框图如图 10 - 5 所示，控制对象为双速电动机，起动按钮控制电动机起动，停止按钮控制电动机停止，采用时间继电器进行延时。

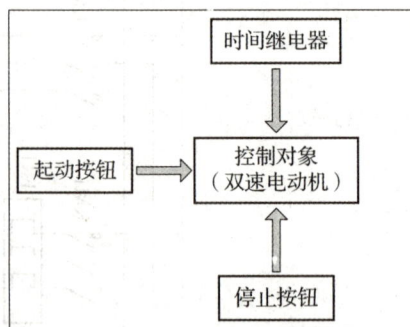

图 10 - 5　系统框图

三、电气设计与分析

电气原理图如图 10 - 6 所示，当合上低压断路器时，引入电源，按下起动按钮 SB2，KM1 线圈得电，KM1 主触头闭合，电动机接成△形连接低速运转；与此同时，时间继电器开始延时，当延时 10 s 一到，中间继电器 KA 线圈得电，其常闭触头断开，从而断开 KM1；KA 常开触头闭合，自锁，同时使得 KM2、KM3 线圈得电，KM2、KM3 主触点闭合，电动机接成双丫形连接高速运行。停止时，按下停止按钮 SB1，KM2、KM3 线圈失电，双速电动机立即停止运行。其电气原理图如图 10 - 3 所示。

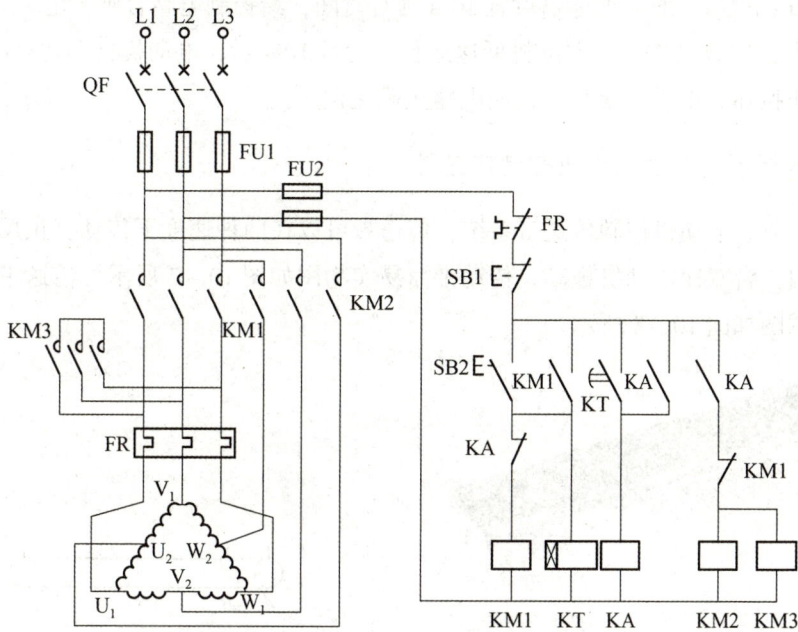

图 10 - 6　鼓风机控制系统电气原理图

四、控制系统的安装与调试

1. 设备清单（见表 10 - 2）

表 10 - 2　设备清单

类型	名称	数量	功能	备注
设备	双速电动机	1	控制对象	
	低压断路器	1	接通、断开电路	
	熔断器	5	短路保护	
	按钮	2	控制电路	
	热继电器	1	过载保护	
	交流接触器	3	自动控制	
	时间继电器	1	延时控制	
	中间继电器	1	中间转换	
材料	导线	若干	连接电路	

2. 操作步骤

（1）熟读电气原理图，了解电气原理图的工作原理。

（2）根据电气原理图完成电路的接线：主电路连接和控制电路连接。

（3）接完线后自查线路，确定无故障后让老师来检查。

（4）检查无误后，时间继电器设置 10 s 延时时间，给控制电路合闸上电。

（5）按下 SB2 起动按钮，电动机低速运行，运行 10 s 后，电动机自动切换至高速运行；按下 SB1 停止按钮，电动机停止。说明电路正确无误。

五、任务拓展：双速电动机控制传送带

设计一个双速电动机控制传送带系统，传送带可以在两种速度下传动，正反两个方向均可运行，使用一台双速电动机拖动。传动带简易实物图如图 10-7 所示。传送带装有光电传感器，其示意图如图 10-8 所示。

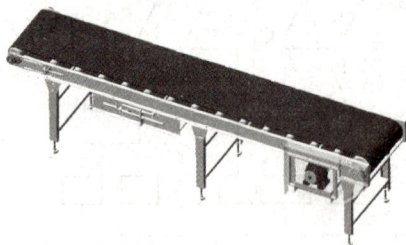

| 图 10-7 传送带简易实物图 | 图 10-8 传送带光电传感器示意图 |

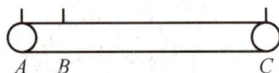

控制要求：系统上电后，传送带应处于停止状态。按下起动按钮，使系统处于准备状态。当 A 点光电检测开关检测到工件后，双速电动机低速起动；当工件经过 B 点时，双速电动机转为高速运行；到达 C 点时，双速电动机高速返回至 A 点后停止运行；当 A 点有工件信号时，传送带再次起动。按下停止按钮，传送带立即停止。请设计出电气原理图。

根据控制要求可知，该控制系统需要 1 个起动按钮、1 个停止按钮、3 个行程开关（光电开关）和 5 个接触器，主电路相较于仅实现双速控制的双速电路要复杂一些。

传送带电气原理图（参考）如图 10-9 所示。

案例3

搅拌机电气控制系统安装与调试。

说明：该案例为江西赣州西克节能自动化设备有限公司某项目中的一个小要求，由公司总经理兼工程师梁入云提供。

一、搅拌机概述

搅拌机无论是在现代工业还是农业的发展上都起着非常重要的作用，特别是液体搅拌机应用十分广泛。由于液体搅拌机常需配置进液阀和排液阀，用简单的继电器控制系统存在造

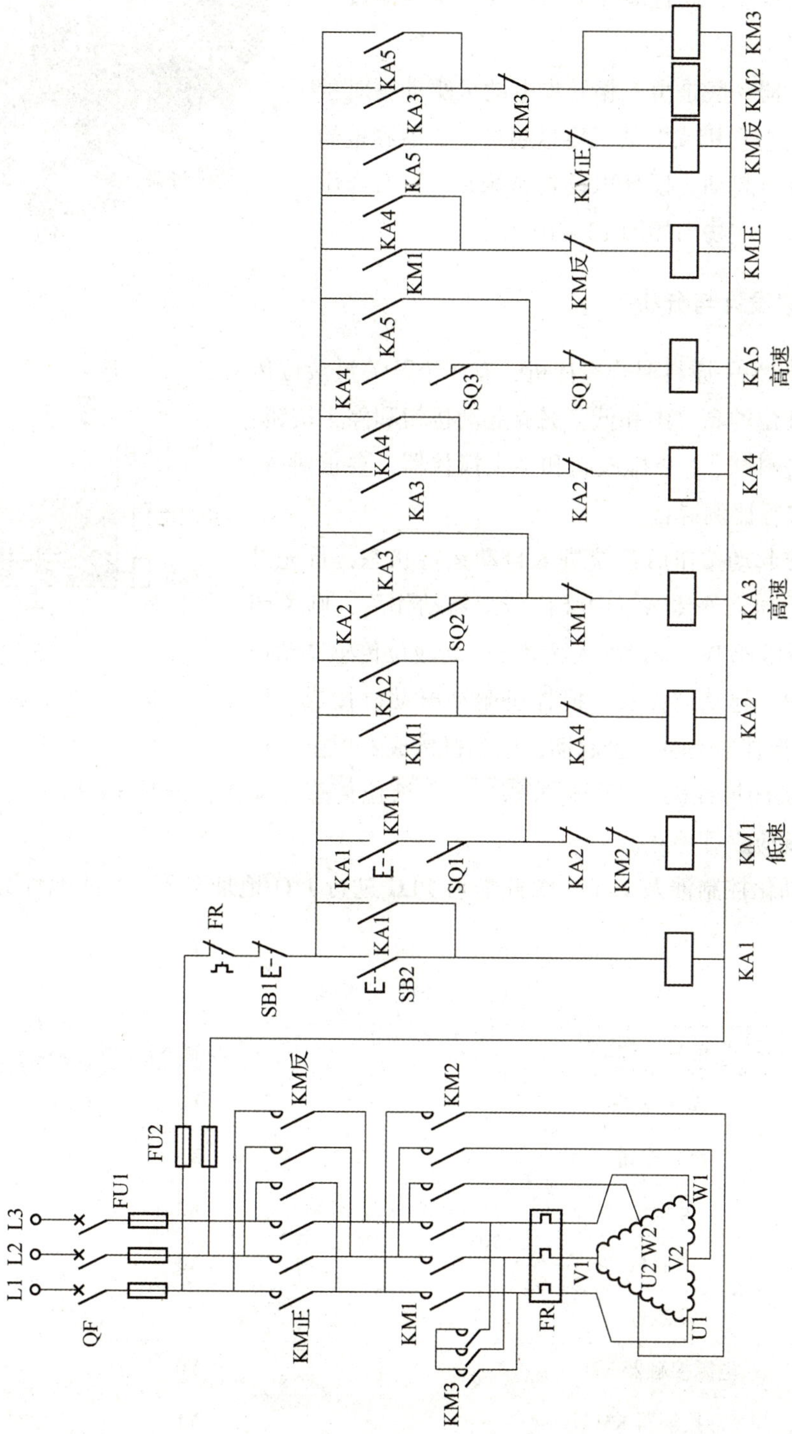

图10-9 传送带电气原理图(参考)

价高、结构复杂等缺点，有时一整套自动化控制功能很难全部实现。因此常用 PLC 控制，其具有可靠性高、功能完善、编程简单等特点，而且能完成两种或多种液体按一定比例的混合搅拌。

搅拌机的搅拌器一般是由三相异步电动机驱动，对于功率大于 11 kW 的电动机或电动机容量超过变压器容量的 20% 的，则需要降压起动。搅拌电动机常采用丫-△降压起动控制。搅拌机的实物图如图 10-10 所示。

图 10-10　搅拌机实物图

二、系统方案设计与分析

图 10-11 所示为一原料混合搅拌机，有 3 个开关量液位传感器，分别检测液位的高、中和低，另有起动按钮和停止按钮，控制对象有 2 个进料阀、1 个排液阀和 1 个搅拌器，要求对 A、B 两种液体原料按等比例混合。

控制要求：按起动按钮后系统进入自动运行状态，首先打开进液阀 A，开始加入液体 A，中液位传感器动作后，则关闭进液阀 A；打开进液阀 B，开始加入液体 B，高液位传感器动作后，关闭进液阀 B；起动搅拌机，搅拌机驱动电动机接成丫形降压起动；5 s 后搅拌电动机完全起动，电动机接成△形全压运

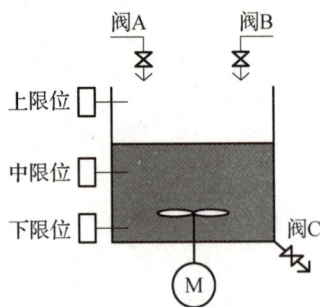

图 10-11　液体搅拌机结构示意图

行；搅拌 10 s 后关闭搅拌机，打开排液阀。当低液位传感器动作，延时 5 s 后关闭排液阀。按停止按钮，系统应立即停止。

搅拌机的自动化控制涉及 PLC，因此需对 PLC 进行 I/O 地址分配。I/O 地址分配表见表 10-3。

表 10-3　I/O 地址分配表

序号	信号名称	PLC 输入点
1	起动按钮	X0
2	停止按钮	X1
3	低液位	X2
4	中液位	X3
5	高液位	X4
6	电源接触器 KM	Y0
7	丫形接触器 KM丫	Y1
8	△形接触器 KM△	Y2

序号	信号名称	PLC 输入点
9	进液阀 A	Y3
10	进液阀 B	Y4
11	排液阀 C	Y5

液体搅拌机电气原理图如图 10 - 12 所示。

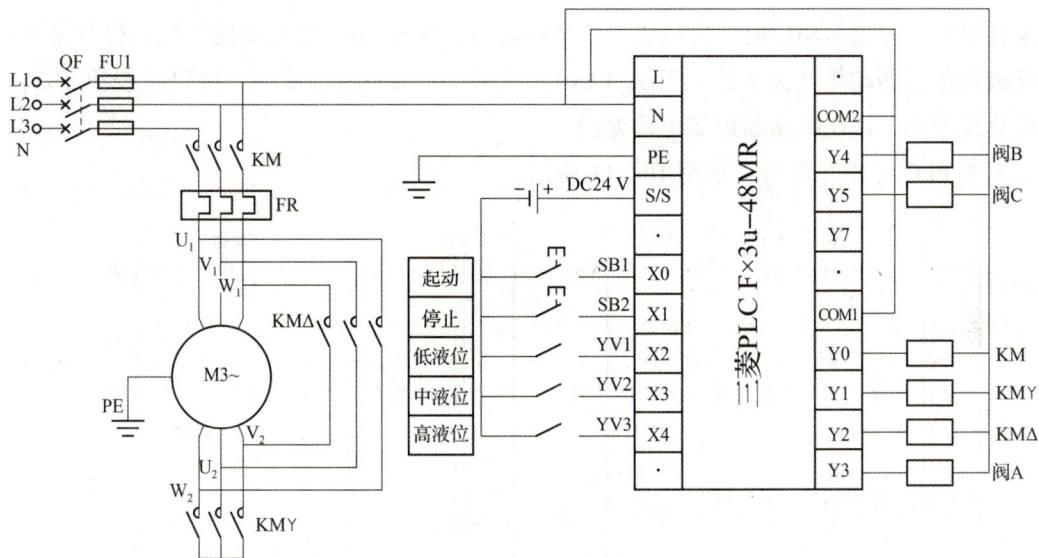

图 10 - 12　液体搅拌机电气原理图

三、控制系统的安装与调试

1. 设备清单（见表 10 - 4）

表 10 - 4　设备清单

类型	名称	数量	功能	备注
设备	三相异步电动机	1	控制对象	
	低压断路器	1	接通、断开电路	
	熔断器	3	短路保护	
	按钮	2	控制电路	
	热继电器	1	过载保护	
	交流接触器	3	自动控制	
	液位开关	3	检测液位	
	液位阀门	3	排放液体	
材料	导线	若干	连接电路	

2. 操作步骤

（1）熟读电气原理图，了解电气原理图的工作原理。

（2）根据电气原理图完成电路的接线：主电路连接、控制电路（包含 PLC）连接。

（3）接完线后自查线路，确定无故障后让老师来检查。

（4）编写程序，并将程序下载至 PLC 中。

（5）按下起动按钮 SB1，并打开进液阀 A，加入液体 A，中液位传感器动作后（拨上拨码开关 YV2），则关闭进液阀 A；打开进液阀 B，开始加入液体 B，高液位传感器动作后（拨上拨码开关 YV3），关闭进液阀 B；起动搅拌机，搅拌机驱动电动机Y形降压起动，5 s 后搅拌电动机完全起动后电动机接成△形全压运行；搅拌 10 s 后关闭搅拌机，打开排液阀。当低液位传感器动作（拨下拨码开关 YV1），延时 5 s 后关闭排液阀。按停止按钮 SB2，系统应立即停止。说明电路和程序正确无误。

三菱 PLC 程序（参考）如图 10 - 13 所示。

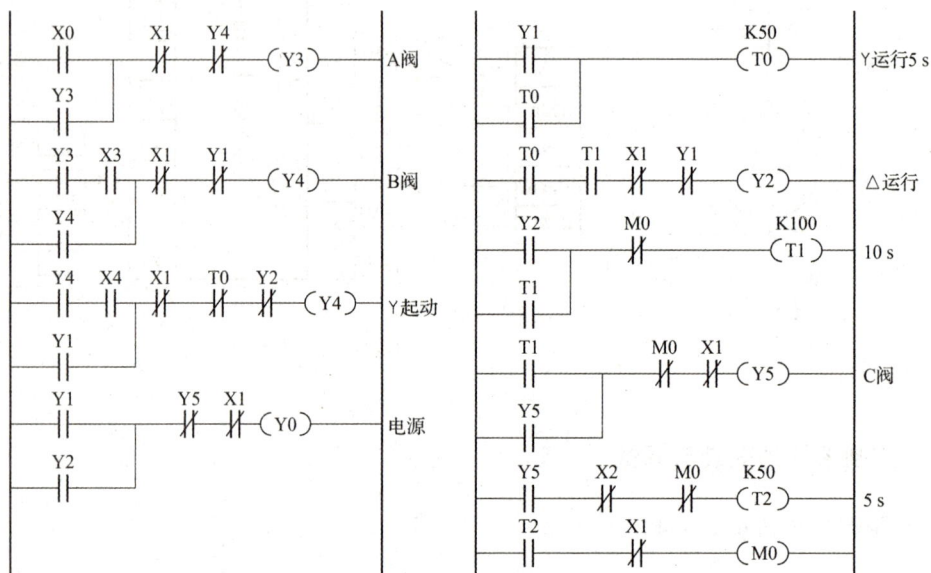

图 10 - 13　搅拌机 PLC 程序（参考）

案例 4

动车空调系统的安装与调试。

说明：本题改自全国职业技能大赛现代电气控制系统安装与调试赛项模拟题。

一、动车空调系统概述

在 CRH 动车组的车厢均配置有独立的空调系统，空调装置（压缩机、冷凝机）安装在地板下，空气处理单元（通风排风装置）随着车厢气压和温度变化进行通风换气，如图 10 - 14 所示。

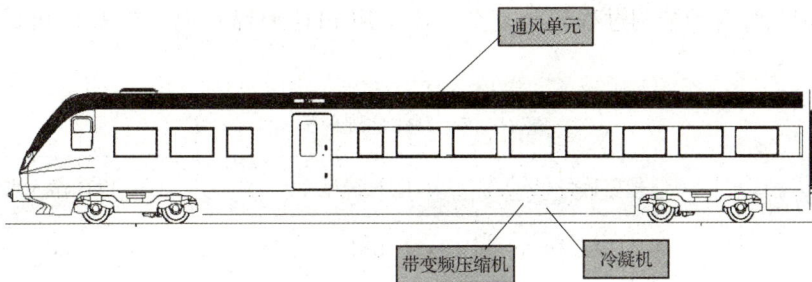

图 10 - 14　动车空调系统结构

二、系统方案设计与分析

动车空调系统主要由以下电气控制回路组成：压缩机 M1 控制回路（M1 为三相异步电动机，由变频器进行三段速调速控制），冷凝风机 M2 控制回路（M2 为三相异步电动机，需要考虑过载、联锁保护，只进行单向正转运行），通风机 M3 控制回路（M3 为双速电动机，实现高低速的控制），车辆运行电动机 M4 控制回路（M4 为伺服电动机，伺服电动机参数设置如下：伺服电动机旋转一周需要 1 000 个脉冲，正转转速为 1.5 圈/s，反转转速为 1 圈/s）。

动车空调系统配置有：起动按钮 SB1；停止按钮 SB2；控制按钮 SB3、SB4、SB5、SB6。A、B、C 三地限位开关分别为 SQ1、SQ2 和 SQ3；极限位置开关 SQ5 和 SQ6。

系统具体控制要求如下：按下 SB1（或起动按钮），车辆由 C 地（SQ3）开往 B 地（SQ2），到达 B 地停 1 s 后返回 C 地，在 C 地停 1 s 后开往 A 地（SQ1），到达 A 地停 1 s 后返回 C 地，按上述过程周期往返。按下停止按钮后动车停止。车辆运行电动机左、右行程位置开关分别为机械结构（小车运动）左右两侧微动开关 SQ5、SQ6。动车运行中，当 SB3 闭合时，通风机低速运行，4 s 后切换到通风机高速运行并保持；当空气流通监测正常即 SB4 闭合，4 s 后制冷系统压缩机以 10 Hz 起动运行；再 4 s 后温度检测正常即 SB5 闭合，压缩机频率增加至 30 Hz，运行 5 s 后压缩机升至 50 Hz 运行并保持；再 4 s 后压缩机监测正常即 SB6 闭合，冷凝风机（M2）运行并保持，全冷工况起动完毕进入运行状况。按下停止按钮，系统全部关闭。模拟动车运行控制示意图如图 10 - 15 所示。

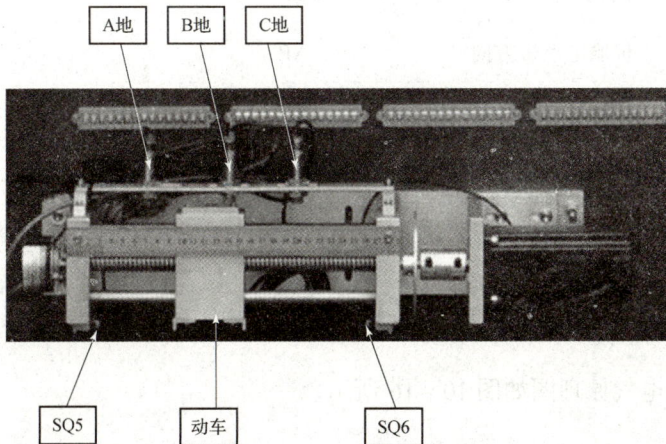

图 10 - 15　动车运行控制示意图

动车空调系统自动控制过程较为复杂，需采用 PLC 编程实现。首先对 PLC I/O 进行分配，见表 10 – 5。

表 10 – 5   I/O 地址分配表

序号	信号名称	电气符号	PLC 输入点
1	起动按钮	SB1	X0
2	停止按钮	SB2	X1
3	控制按钮	SB3	X2
4	控制按钮	SB4	X3
5	控制按钮	SB5	X4
6	控制按钮	SB6	X5
7	接近开关	SQ1	X6
8	接近开关	SQ2	X7
9	接近开关	SQ3	X10
10	限位开关	SQ5	X11
11	限位开关	SQ6	X12
12	压缩机变频器起动	STF	Y0
13	压缩机变频器高速	RH	Y1
14	压缩机变频器中速	RM	Y2
15	压缩机变频器低速	RL	Y3
16	伺服电动机脉冲	PP	Y4
17	伺服电动机方向	NP	Y5
18	冷凝风机接触器	KM	Y8
19	通风机低速	KM1	Y9
20	通风机高速	KM2	Y10
21	通风机高速	KM3	Y11

动车空调系统电气原理图如图 10 – 16 所示。

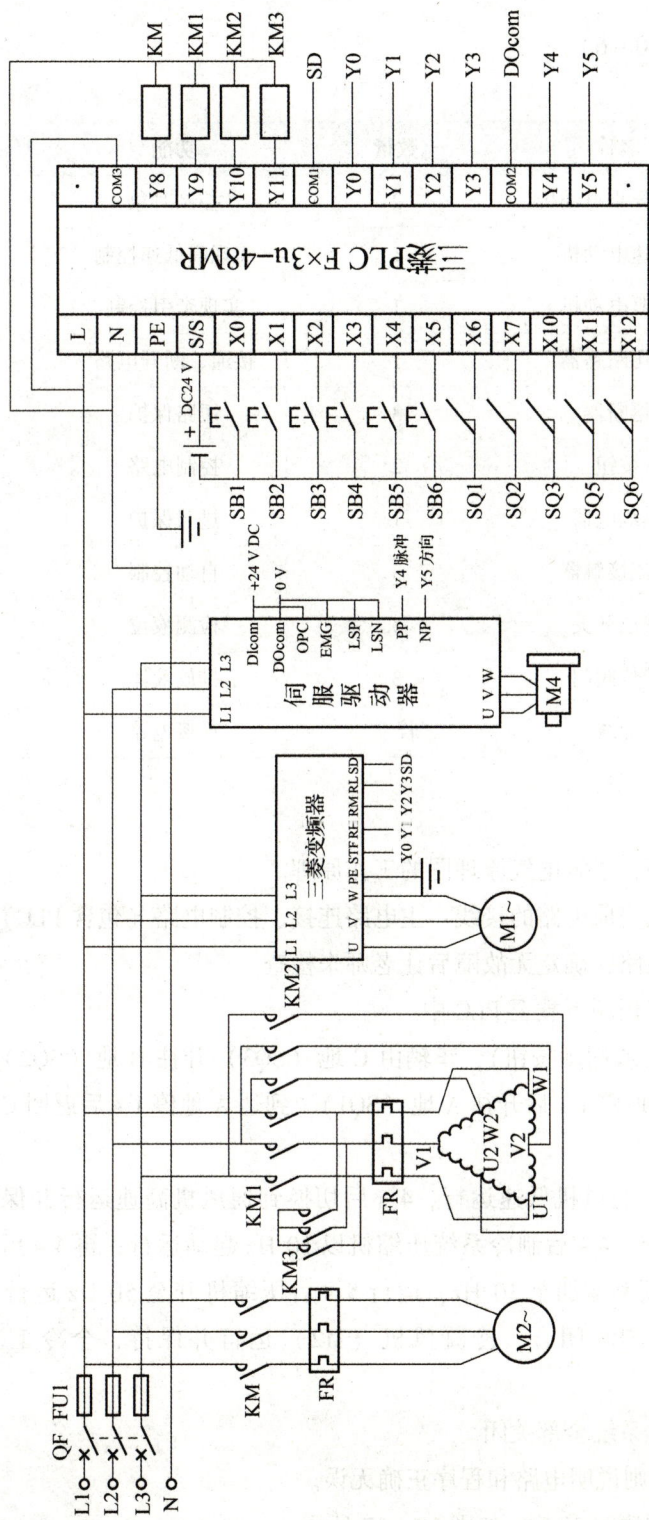

图 10-16 动车空调系统电气原理图

三、控制系统的安装与调试

1. 设备清单（见表 10 – 6）

表 10 – 6　设备清单

类型	名称	数量	功能	备注
设备	三相异步电动机	2	控制对象	
	双速电动机	1	实现高低速控制	
	伺服电动机	1	实现牵引控制	
	低压断路器	1	接通、断开电路	
	熔断器	3	短路保护	
	按钮	2	控制电路	
	热继电器	1	过载保护	
	交流接触器	3	自动控制	
	液位开关	3	检测液位	
	液位阀门	3	排放液体	
材料	导线	若干	连接电路	

2. 操作步骤

（1）熟读电气原理图，了解电气原理图的工作原理。

（2）根据电气原理图完成电路的接线：主电路连接、控制电路（包含 PLC）连接。

（3）接完线后自查线路，确定无故障后让老师来检查。

（4）编写程序，并将程序下载至 PLC 中。

（5）按下 SB1 按钮（或起动按钮），车辆由 C 地（SQ3）开往 B 地（SQ2），到达 B 地停 1 s 后返回 C 地，在 C 地停 1 s 后开往 A 地（SQ1），到达 A 地停 1 s 后返回 C 地，按上述过程周期往返。

（6）当 SB3 闭合时，通风机低速运行，4 s 后切换到通风机高速运行并保持；当空气流通监测正常即 SB4 闭合，4 s 后制冷系统压缩机以 10 Hz 起动运行；再 4 s 后温度检测正常即 SB5 闭合，压缩机频率增加至 30 Hz，运行 5 s 后压缩机升至 50 Hz 运行并保持；再 4 s 后压缩机监测正常即 SB6 闭合，冷凝风机（M2）运行并保持，全冷工况起动完毕进入运行状况。

（7）按下停止按钮，系统全部关闭。

若能实现以上功能，则说明电路和程序正确无误。

动车空调系统 PLC 程序（参考）如图 10 – 17 所示。

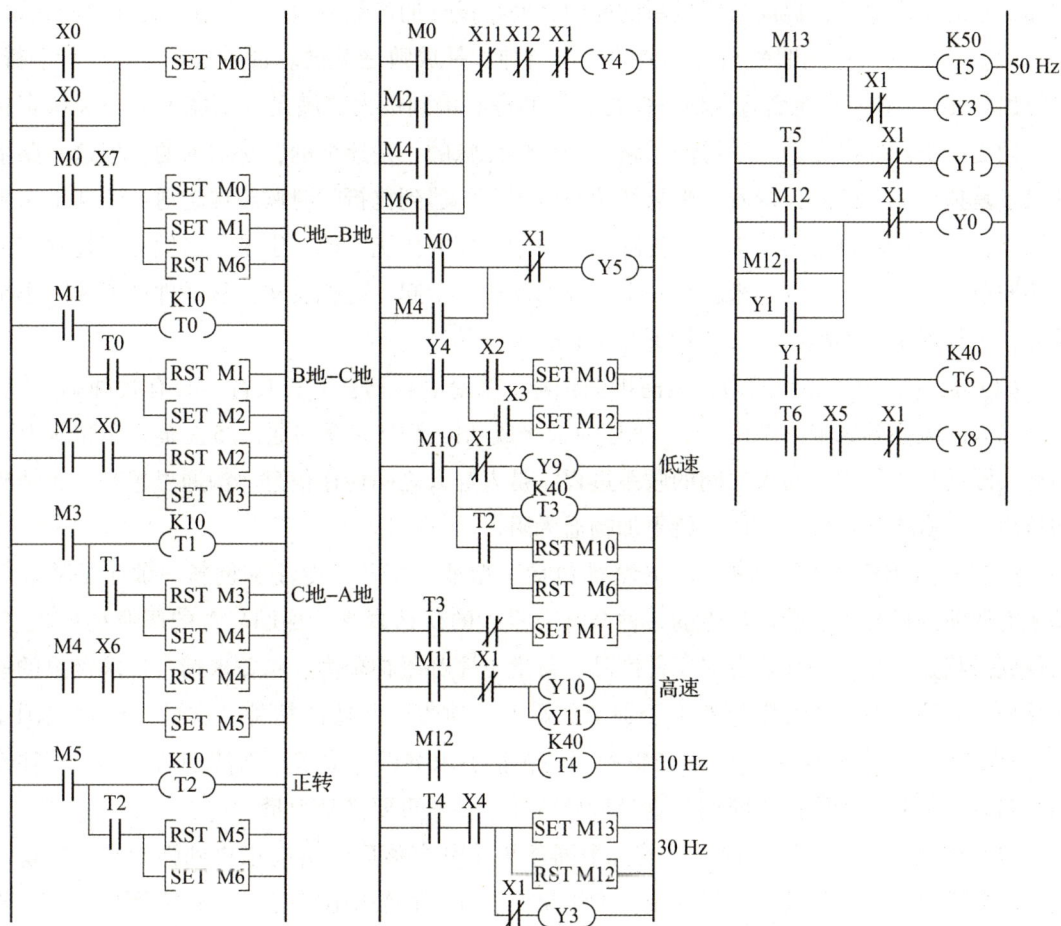

图 10-17　动车空调系统 PLC 程序（参考）

知识小词典

优秀工程师应具备的职业素养

不论何种行业的工程师，他们所应该具备的职业素养都应该是相近的，这也使得他们不仅在实体工业上造福人类，而且还在精神领域带给我们前进的动力。作为一名优秀的工程师，应具备出色卓越的专业能力、饱满的工作热情、吃苦耐劳的工作精神和良好的沟通协作能力。而作为一名电气控制方向的工程师，则更应具备精益求精的工匠精神、责任担当的爱国精神和自强不息的奋斗精神。

（1）出色卓越的专业能力，乃是工程师的立身之本。作为一名工程师，他的知识结构应该既严谨又开放。知识结构的核心部分当然是本专业的基础理论，基础理论扎实，使得实验设计取得保障，而相关专业知识的了解则能保证与其他专业配合起来更加得心应手。知识结构应该是开放的，应该不断注意本专业及实际层面的最新发展及对设计工作的影响，不断增加自己的知识储备，提高自主创新的能力，使得设计的产品/项目既适用，又有超前意识。

（2）饱满的工作热情和吃苦耐劳的工作精神，是成败之关键。古人云："三百六十行，行行出状元。"对工作充满着激情，使得我们的身心得到极大的满足，也能沉下心去认真钻研，做更多更好的产品。在学习的道路上是枯燥无味的，是迷茫的，是坎坷的，但这一路上的风景是独一无二的。保持着一颗热情的心，当我们遇到挫折的时候越挫越勇；不断学习新的知识，不断创新自己的思维。吃苦耐劳是中华民族的传统美德，也是一名优秀工程师应具备的职业素养之一，沉下心来，从一个平凡的岗位上干起；扎扎实实，从一件件琐碎的小事做起；不畏艰辛，不辞劳苦，坚持下去，必会大受其益。

（3）良好的沟通协作能力，是前进的保障。《论语》曰："三人行，必有我师焉。"美国著名人际关系学家卡耐基说："一个职业人士成功因素75%靠沟通，25%靠天才和能力。"沟通实际就是工作中人与人之间的联系过程，是人与人之间传递信息、沟通思想和交流情感的过程，只有沟通良好，合作才能更加畅通无阻。

（4）精益求精的工匠精神。工匠精神包括了敬业、精益、专注和创新。敬业是从业者基于对职业的敬畏和热爱而产生的一种全身心投入的认认真真、尽职尽责的职业精神状态。精益就是精益求精，是从业者对每件产品、每道工序都凝神聚力、精益求精、追求极致的职业品质。专注就是内心笃定而着眼于细节的耐心、执着、坚持的精神，这是一切"大国工匠"所必须具备的精神特质。"工匠精神"还包括追求突破、追求革新的创新内蕴。古往今来，热衷于创新和发明的工匠们一直是世界科技进步的重要推动力量。

（5）责任担当的爱国精神。目前，中国逐步从贫穷落后到富起来再到强起来，这是一代又一代有责任担当的革命人拼搏奋斗的结果。然而，目前中国在工业生产方面依旧面临着诸多的挑战，特别是高精尖技术，依旧面临着"卡脖子"。因此，国家需要更多有责任担当、有爱国主义精神的人士，挥洒汗水、顽强拼搏，为中国的发展贡献不懈的力量。

（6）自强不息的奋斗精神。在中华文化里，人被认为应当自强不息、积极进取、刚健有为，所谓"天行健，君子以自强不息"。这种积极进取、刚健有为的奋斗精神，就是成就人、成就事物的根本。新时代弘扬奋斗精神，需要对时代有着清醒深刻的认识和把握，有大时代的历史理性和时代自觉。

后记　学习方法建议

1. 养成良好的学习习惯

（1）戒掉网瘾，勤能补拙。现在科技发展迅速，电子产品价格实惠，因此手机、电脑成为大学生必备的用品。然而游戏和网络短视频的崛起，吸引了无数学生的目光，也占用了学生大量的时间。特别是在大学校园里，沉迷于游戏、小说、短视频的同学比比皆是，浪费了自己美好的青春，也耽误了知识和技能的学习。因此，要想学好技术技能，同学们一定要做好学习计划，定好学习目标，坚定信念，戒掉网瘾，充分将时间用在学习上，才能实现"我不负学习，学习定不负我"的美好局面。

（2）先"抄和划"，再"写和讲"。课前复习，上课认真听讲，跟着教师进度、跟随教师思路是每一个想好好学习的学生需要首先做到的事情。但大学生的学习还应讲究效率，方能事半功倍。在课堂上，先把课堂中的重点知识和核心技能抄下来或划下来，然后用自己的理解再写出来或者和同学们一起交流学习心得，分享自己的理解。学习不能仅仅停留在书本上划重点、抄写笔记这些事情上，而应该进阶为思考并运用上，这样才能理论指导实践，学以致用。

（3）模仿和借鉴。不论是课内还是课外，要善于模仿与借鉴教师、同学的思维方式，以及学习资料上完成各种任务推荐的工作（操作）流程，由"呆板"学习到灵活学习。

（4）善于利用网络资源。现在网络信息发达，绝大多数知识点网上都有，不管是理论讲解，还是实际应用，形式多样，种类丰富。因此，在学习过程中，第一，需要不断查阅相关手册，各种产品都有技术手册，以弥补教材资源的不足；第二，对于无法理解的术语或者技能，可以联系产品客服，或者在工控网、B站、产品官网等网站搜索视频或解决方案。

2. 分阶段重点突破

（1）交流电动机基础知识学习阶段。本课程主要是围绕着电动机来展开控制理论的学习，因此课程的第一个阶段便是要掌握交流电动机的定义、分类、特点及实际应用基础知识点；了解三相异步电动机的基本结构、工作原理；根据交流电动机的工作原理，探讨三相异步电动机的速度公式、调速方法及正反转原理；掌握三相异步电动机的型号、铭牌参数和应用计算。与此同时，完成三相异步电动机的定子绕组接线。

（2）低压电器基础知识学习阶段。低压电器是构成电气控制系统的基础器件，因此，在学习三相异步电动机的基础知识后，应掌握低压电器的定义、分类、结构及工作原理等基础知识点；掌握常用低压电器（如按钮、接触器、低压断路器、热继电器、熔断器等）的定义、文字符号、图形符号、工作原理及选用。

（3）典型电气控制原理图分析和设计阶段。这一阶段，应熟悉电气控制线路图的分类、作用和识读方法；掌握三相异步电动机典型控制电气原理图的设计要点和工作原理，掌握控制电路的设计技巧。

（4）电气原理图安装与调试阶段。在掌握电气原理图的设计原理后，实现对电气原理图的安装与调试工作，并能自主设计简单控制要求的电气原理图。